現象数理学の冒険

[編著]
三村昌泰

明治大学出版会

はじめに

　前世紀から急速に発展した工学，科学技術の革新によって私達は多大な恩恵を受けてきました．しかし同時に温暖化，砂漠化，大気汚染等で我々を取り巻く環境が大きく変わり，経済も揺れ動いています．百年前にはこのような事態を予想することができたでしょうか？　我々を取り巻く社会には，脳，免疫系，インターネット，経済変動など，ダイナミックに変動しながら発展していく複雑なシステムが様々な分野で存在しています．システムに潜む複雑さとは，要素の数が非常に多いというだけでなく，それらが複雑に絡み合うことです．実験，観測技術の急激な発展により，システムが持つ精緻で大量のデータの収集が可能となり，それを構成する要素の正体が明らかになってきました．すなわち，これまで見えなかったものが見え，知ることができなかったことがわかるようになったのです．

　しかしながら，これらの問題解決の難しさは既存の一つの分野だけでは対処できないことであり，そのためには新しい分野の振興のみならず各分野の融合が必要であり，異分野間をつなぐために数学や数理科学の貢献が求められてきているのです．数学とはこれまで独自の世界で発展してきた学問であると思われている読者にとっては驚きでしょうが，数学は20世紀後半より社会，自然，生命等様々な分野とかかわり合いを持ちながら発展してきているのです．もちろん，様々な分野で起こる現象を理解するためには，数学だけの力では不充分です．現象のモデル構築ができる人達，そしてモデルのシミュレーションや可視化技術の堪能な人達等との連携があって始めて可能となるのです．残念ながら，我が国では，こ

のような現象と数学をつなぐ学際的研究はあまり組織的には行われておらず，諸外国に比べてかなり遅れていたと言わざるをえません。

このような状況を深刻に受け止めた明治大学は，社会に貢献する数理科学を掲げて研究機関「先端数理科学インスティテュート」を立ち上げました。そして，複雑な諸現象の解明に対して，現象の記述であるモデル構築，その解析のために数学やコンピューターを駆使する数理科学を「現象数理学」と提唱し，その活動を他大学に先がけて開始しました。平成20年度には文部科学省研究拠点形成事業であるグローバルCOEプログラムに「現象数理学の形成と発展」が採択され，数学・数理科学からこれまで接近できなかった生命や社会に現れる複雑現象の解明に挑戦してきました。

本書では，これまで仕組みが理論的にわからず，経験的に対処していた現象に対してモデルを駆使する現象数理学がどのように展開されるかを知っていただくために，その分野の第一線で活躍している方々に執筆を依頼し，以下の7つの話題を取り上げました。

第1章——今から60年ほど前，遺伝子の正体がわかり，それを理解することができれば，生命のすべての謎が解けるという遺伝子還元論が信じられていました。その頃，一人の数学者が数理モデルを用いてそれを否定するような大胆な考えを発表したのです。もちろん，今では，遺伝子還元論だけは不充分であることは知られていますが，当時の生物界では彼の考えはまったく評価されず，41歳の若さでこの世を去ったのです。ここでは，生物学者ではない彼が数学モデルを使ってどのようにこの主張をしたのかを説明しています。彼の考えが我々の常識をはるかに超えていたことが理解

できるでしょう。

第2章——我々は視覚を使って目の前の状況を判断することができます。しかしながら，この仕組みはそれほど単純ではなく，現在の最先端の科学技術を使っても，人と同じような視覚を持つロボットを作ることはできません。ここでは，立体視覚と錯視という視点から，視覚という知能がどこから来るのかという問題を探っていきます。数学モデルを用いたアプローチから，錯視を見るとき，脳がどのような情報を補おうとしているのかがわかるでしょう。

第3章——20万年前，ネアンデルタールはユーラシアにいましたが，アフリカ内にいたヒトつまりホモ・サピエンスはユーラシアへ分布拡大することから，先住していたネアンデルタールは消え去ることになりました。つまり，ネアンデルタールとヒトとの交代劇が起こったのです。その原因はまだ完全にはわかっていませんが，一つに文化の違いが挙げられています。ここでは，数学モデルを導入することから，文化の「定量化」という新しい発想を考古学に取り入れることからこの問題に迫ろうとしています。先史文化と数学というこれまで無関係であると思われた2つの分野の出会いが理解できるでしょう。

第4章——東日本大震災は，我々に地球規模の現象が人類に与える影響をまざまざと見せつけるとともに，これまでの科学では想定できなかった現象を理解するためには何が必要かという課題を与えました。ここでは，まず充分な情報がないことが原因であることを示した上で，不足している情報の中から，如何にして適切な情報を取り出せるのか，そしてそれに必要な情報を補うことが可能かという問題を取り上げ，この課題に現象数理学の視点から答え

ています。大量データを集めることは必要ですが，それだけでは充分ではなく，そこから有用な情報を取り出す数学モデルが必要であることがわかるでしょう。

第5章——世界的金融危機は，ブラックマンデー（1987年）から始まり，アジア通貨危機（1997年），リーマンショック（2008年）とほぼ10年毎に発生しています。そのつど対策が立てられているのですが，形を変えた金融危機が再度やってきて，世界を混乱させる可能性を拭える保証はありません。その原因は数学モデルの基盤となる基本的な経済学の法則に対してデータに基づく検証が充分行われていないことです。ここではそれを明確にし，それに対してどのような手段があるかを解説しています。安定した金融市場を理解するためには，きちんとデータを観測し，現象と整合する数学モデルを積み上げていくという地道な作業の繰り返しが必要であることが理解できるでしょう。

第6章——アルハンブラ宮殿にあるタイル貼りのモザイク模様に現れる美しさはよく知られています。タイル貼りの歴史は，古くはバビロニアや古代ローマ等で見ることができ，数学として，最初にタイル貼りの問題に関わったのは古代ギリシャの数学者で哲学者であるピタゴラスであると言われています。ここでは，その美しさの秘密を探るために，現代幾何学の代表的理論であるトポロジーを紹介しながら，タイル貼りの仕組みを解説しています。このことから，美しい「タイル貼り」が古代ギリシャにその起源を持つ「幾何学」と深いつながりがあることがわかるでしょう。

第7章——折り紙は我が国の伝統文化の一つです。折り紙は伝統的に遊びと考えられてきましたが，折り紙の技術を数理科学的に

研究して工学に応用するという「折紙工学」が提唱されました。ここでは折紙工学の産業への応用に焦点を当て，いくつかの例を見せながら説明しています。数学と工学的な技術が連携することから，折り紙技術が先端技術に変貌する様子を知ることができるでしょう。

　以上紹介しましたように，現象数理学は自然科学や工学のみならず，人文，社会科学分野に現れるさまざまな現象の理解に拡がっています。現象数理学がこれまで数理から離れていた「新しい地」に向かって冒険している様子が本書からおわかり頂ければ幸いです。

　最後に，執筆者達の「現象数理学を明治大学から発信したい」という強い思いをこれまで熱い情熱を持って支援して頂いた納谷廣美氏（前明治大学長），そしてここに名前を挙げませんが，多くの方々に心より感謝したいと思います。

中野にて
三村 昌泰

目次

はじめに ……………………………………………… 三村昌泰 …… i

第1章 拡散パラドックスの数理 …… 三村昌泰 …… 1
——ある数学者の挑戦

1 はじめに ……………………………………………………… 2
2 生物の形態づくりの謎 ……………………………………… 4
3 数学者アラン・チューリング ……………………………… 6
4 拡散誘導不安定性の原理 …………………………………… 11
5 生物学と数理科学の融合 …………………………………… 17
   おわりに ……………………………………………………… 22

第2章 立体知覚と錯視の数理 …… 杉原厚吉 …… 25
——人は欠けた奥行きをなぜ補えるのか

1 はじめに——奥行きを知る三つの手がかり ……………… 26
2 投影の幾何学 ………………………………………………… 29
3 立体復元の自由度 …………………………………………… 30
4 不可能に見えるだまし絵 …………………………………… 36
5 両眼立体視にさからう錯視 ………………………………… 41
6 クレーター錯視とテクスチャー勾配 ……………………… 45

7	直角の大好きな脳	48
8	不可能モーション	56
9	道路の傾斜の錯視	61
10	対称性を好む脳	65
11	おわりに	68

第3章 先史文化の数理 ……………… 青木健一 ……… 71
―― ネアンデルタールからヒトへ

序…72／旧石器文化…74／文化の定量化…77／文化進化速度…78／文化進化理論の歴史的背景…80／文化的モランモデル…81／直接バイアスと間接バイアス…82／同調伝達…86／一対他伝達…86／伝達様式, イノベーション率, 人口の効果…88／イノベーション能力の進化…90／イノベーション率の上昇をもたらすその他の要因…92／おわりに…94

第4章 地球科学の数理 ……………… 中村和幸 ……… 95
―― 地震・気象・磁場

イントロ…96／地球と地球科学…97

1 **プレート境界型地震と数理**――東日本大震災が科学に残した課題 …… 98
プレートテクトニクスとプレート境界型地震のメカニズム…99／プレート境界型連動地震解明のために…101／地震発生の発生確率予測について…101／確率的な評価の問題点とその解決に向けて…103／連動型地震の繰り返しを確率的に捉えるには…104／「地震予報」に必要なこと…105

2　気象学・海洋学における不確かさとデータ同化 …………… 106

天気予報における数値予報…106／数値計算と誤差の要因…107／誤差の拡大とカオス…108／データ同化：コンピュータと現象を「定量的」につなげて予測・発見に活かす…108／津波について…109／海底地形と海洋シミュレーション…110／津波遡上シミュレーションと摩擦係数値の決定…111／津波浸水・遡上シミュレーションの種類について…112／摩擦係数の推定と予測精度の向上…113

3　地球磁場時系列データの解説と時系列解析 …………………… 115

地球磁場の構造…116／時系列データと時系列解析…117／前兆の検出と時系列解析…118／混合情報の分離と時系列解析…119／地磁気時系列データ以外への発展…120

まとめ ………………………………………………………………………… 121

第5章　金融危機の数理　　　　　　　　　　高安秀樹……125
——最適モデルをどう作るのか

1　はじめに …………………………………………………………………… 126

2　マンデルブロとベキ分布 ………………………………………………… 132

3　金融派生商品の光と影 …………………………………………………… 145

4　対策：市場変動観測所 …………………………………………………… 154

5　おわりに …………………………………………………………………… 158

第6章　タイル貼りの数理　　　　　　　　　　砂田利一……159
——位相的結晶学序論

1	序	160
2	トポロジー	163
3	周期的タイル貼り	166
4	タイル貼りの位相型の有限性	168
5	結び	174

第7章 折紙技術の工学への応用 …………… 萩原一郎 …… 179

1	はじめに	180
2	折り紙の展開収縮機能の利用	183
	2-1 折り紙構造を自動車のエネルギー吸収材に利用しようと考えた経緯	183
	2-2 反転螺旋型折紙構造の利用⇒展開収縮機能折り紙の利用にあたって	189
3	折り紙の軽くて剛い性質を利用──トラスコアパネルの開発	195
	3-1 新しいコア材の必要な状況	195
	3-2 平面充塡幾何学	198
	3-3 空間充塡幾何学	200
	3-4 平面／空間充塡形と折紙	202
	3-5 トラスコアパネルの成形性と機械・機能特性	207
4	今後の動向及びまとめ	210
	4-1 ますますの発展が期待される折紙工学	
	4-2 折紙工学から折紙工法へ	

著者略歴一覧 …………………………………………………………… 219

第1章
拡散パラドックスの数理
──ある数学者の挑戦

三村昌泰

1 はじめに

「拡散」という言葉を、私の手元にある辞書で引くと、「粒子や熱が拡がっていき、やがて一様になっていく物理現象」と書かれている。例えば、インクを水に滴下したときの拡がりや、煙が空気中に拡がる様子はよく見かける拡散現象であるが、最近では、「原発事故による放射性物質の拡散」、「ネット選挙のデマ拡散」、「ウイルスの拡散」等の言葉が日常的に使われているように、拡散は「一様に拡がっていく」という単純な振る舞いを説明する言葉としてしばしば使われている。

このように我々の生活においてよく見かける拡散に対して、1952年、我々の常識を覆す2つの拡散パラドックスが3人の研究者によって提唱された。まずイギリスの数学者であり、計算機科学のパイオニアと言われるアラン・チューリングは、拡散は「必ずしも一様に拡がらずに、逆に集中化される」というパラドックスを簡単な方程式で紹介し、数学と計算機シミュレーションから説明すると共に、それが生物において重要なイベントである形態形成の仕組みの本質ではないかと主張したのである[1]。しかしながら、チューリングの考えは1950年代の生物界においては認められず、数学者の机上の空論であると片付けられたのであった。その理由は、当時の生物界には分子生物学や分子遺伝学等新しい学問分野が誕生し、生物が持つ遺伝情報を理解することができれば、生命系が解明できるという「遺伝子決定論」が拡がっていた時代であったと考えられるが、その他に、チューリングが数学者であり、生物現象を記述するモデルを導出したのではなく、単に自分の考えを数学を使って説明

したにすぎないと思われたからではなかろうか。その2年後の1954年，チューリングは厳しい批判に答えることなく，41歳の若さで，帰らぬ人となったのである。もしも彼がもう少し生きていたならば，生物界にどのような反論をしただろうか？　それ以後の生物界は大きく変わっていたに違いない。

　もう一つの拡散パラドックスはイギリスの生理学者であり，生物物理学者であるアラン・ホジキンとアンドリュー・ハックスレーによって示された。彼等は，神経細胞の活動電位が興奮すると神経軸索上をあたかも波のように一定の形と速度で伝播することを観察し，その機構を説明するために，興奮すると細胞膜を通過するイオンの透過率が変化するというイオンチャンネル仮説を立て，それに基づいて数学モデルを導出したのである[2]。だが，このモデルの本質となる部分は拡散方程式で記述されていたことから，当時の数学者，物理学者達は拡散には形を保つという性質がないので，モデルとしてはおかしいのではとかなり否定的であった。しかしながら，彼等にとって幸運なことに，（当時としては）最高速のコンピュータが開発されたことから，彼等のモデルのシミュレーションが可能となったのである。この結果，活動電位が形を保って伝播するという解が見事に再現され，彼等の仮説が正しいことが検証されたのである。この結果，拡散は「必ずしも一様に拡がらず，ある一定の形を保つ」という拡散パラドックスが示されたのである。彼等のモデルは以後ホジキン・ハックスレー方程式と呼ばれ，数理生物学においてその名を残している。ホジキンとハックスレーは神経細胞の活動電位の研究から，1963年ノーベル生理学・医学賞を受賞し，後にイギリスの学士院とも言われる王立協会会長に選ばれたのであった。

数学モデルを通して拡散パラドックスが異なる分野で，同じ年に現れたのは単なる偶然なのだろうか？　あるいは分野を超えて科学者が持っている共通した思考の熟成した結果なのだろうか。さらに，ほぼ同年代の3人の科学者の運命がこのような異なる結末に至ったことは誰が予想したであろうか。

　以下では特に，チューリングは数学者でありながら，何故生物の重要な発生過程である形態形成という問題に関心を持ったのか？　に焦点を当てて話を進めていこう。

2　生物の形態づくりの謎

　生物系において卵から始まり，様々な器官がどのようにして形成されていくのかは大昔からの謎であった。古代ギリシャの哲学者アリストテレスは霊魂（エンテレケイア）が宿っているとして，生命には，物理や化学等では説明できない特別な力があると信じた。この考えは「後成説」（あるいは生気論）と呼ばれていたが，17世紀に入り，近代哲学の祖と言われるフランスの哲学者ルネ・デカルトは，生命系であっても，霊魂などは存在せず，卵の中にすでにそれらの雛形が存在しているという「前成説」（あるいは機械論）を唱えたのであった．この考えは一見科学的な解釈であることから，ニュートンやライプニッツ等の科学者に多大な影響を与え，霊魂等存在しないという「前成説」が優勢になったが，16世紀に，顕微鏡が発明され，生命系に対する研究は観察から実験へと移っていき，その結果，次第に「後成説」が認められるようになった。19世紀に入り，ドイツ

の発生生物学者であるハンス・ドリーシュは，生き物の基本となる発生過程を理解するためにウニの卵割実験を行い，細胞分裂によって2つの細胞となったとき，一つの細胞を壊しても，残りの細胞は分裂を繰り返してやがて個体になることを観察したのであった。この実験結果から，彼は「前成説」を否定することになったが，「後成説」を積極的に説明することができず，最終的に物理や化学の世界には存在しないエンテレヒーという特別な「力」が働いているという考えに至り，後成説の立場である「新生気論」を立てたのである。しかしながら，この考えは，機械論者が多数であった当時の学会では，まったく認められず，その後彼は生物学者から哲学者に転向したのであった。20世紀に入り，「後成説」に対して大きなブレイクスルーが起こった。その当時，複雑な遺伝情報を担う正体がDNAであることは認識されていたが，1953年アメリカの分子生物学者ジェームズ・ワトソンとイギリスの生物学者フランシス・クリックによるわずか2ページの論文が科学専門誌Natureに掲載され，その構造が明らかになったのである[3]。これを契機に，遺伝情報が解読できれば生命系が解明できるという期待のもとに「遺伝子決定論」が世界に広がったのである。こうして1990年，ヒトの遺伝情報の解読に向けて各国のゲノムセンターや大学等が参加してヒトゲノム計画が始まった。ゲノム科学の急激な進歩，予想を超えて進んだコンピュータ開発などから，予定より早く2003年に解読の完了が宣言された。その結果，遺伝子の数が約3万個であることがわかったのである（後に約2万個に修正されたと言われる）が，我々はその数の少なさに驚き，「遺伝子決定論」だけでは生命系の解明は不十分ではないかと感じるとともに，「この少ない遺伝子によってどう

して複雑で高度な機能が構築されるのだろうか？」という新たな疑問を持ったのである。

チューリングは，ヒトゲノム計画から出された疑問にすでに40年程前に気づいていたのではなかろうか？ 生物の発生過程における重要なイベントである細胞分化や形態形成は必ずしも生物的機構だけで行われるのではなく，指令する者とそれを実行する者がいるのではないか，そして指令する者は遺伝情報であると思われるが，実行する者は拡散や化学反応などの非生物的な仕組みではないか，すなわち，遺伝子はほんの少しの指令をするだけで，その後は非生物的機構に基づいて自発的(自己組織的)に起こり得るのではないか？ 拡散パラドックスはそういった大胆な発想のもとに生まれたのではなかろうか？ この考えはとりわけ奇抜なものではない。例えば，コンピュータプログラムとそれを行うコンピュータの関係に似ている。複雑で膨大な数式を解くためには大規模で高速度のコンピュータが有効であることは間違いないが，それ自体だけでは役に立たず，それを指令するプログラムが必要であることはご存知であろう。同様の関係は美味しい料理を作るために必要なレシピと料理をする人との関係にも当てはまるであろう。

では，どうして彼がこのような発想に至ったのだろうか？ それを知るためには，もう少し彼のことを話さなければならない。

3 　　数学者アラン・チューリング

アラン・チューリング([図1])は数学者であるが，その他にも，暗

号解読者，人工知能のパイオニア，数理生物学者等としてよく知られているが，とりわけ，計算機科学の創始者としてその名を残している。このことから，20世紀が生んだ天才数理科学者であると言ってよいであろう。

[図1] アラン・チューリング
（1912-1954）

チューリングは1912年ロンドンで生まれた。幼いときから，数学が好きで，14歳のとき私立の中等教育学校であるパブリックスクールに入学した。当時のパブリックスクールは伝統的に学問よりも責任感やリーダーシップを身につけることに重きをおいた教育目的であったが，彼はそれにあまり従わず，数学や科学にしか興味を示さなかった。このことから，かなり問題児であったようであるが，学問に対する能力はずば抜けていた。1931年彼はケンブリッジ大学のキングス・カレッジに入学する。そこで数学を本格的に学び，次第にその才能を発揮し，1934年優秀な成績で卒業した。この当時の数学界は，数学の基礎を崩すかもしれない大問題が議論されており，揺れ動いていた時期であった。1928年ドイツの数学者で現代数学の父と言われるダフィット・ヒルベルトが「数学において命題や定理の証明は数学で認められている演算ルールを有限回用いることから可能である」という完全主義を提唱したが，1931年チェコの数学者であるクルト・ゲーデルはそれに対して，証明不可能な命題があるという「不完全性定理」を示し[4]，数学の世界に大きな衝

撃を与えたのであった。チューリングはこの問題に興味を持ち，1936年，「命題に対して，それが正しいかどうかを決定することができるか？」という問いに対して，現在のコンピュータ設計の基本となる計算手順(アルゴリズム)を示した論文「計算可能な数について，決定問題への応用と共に」を発表した[5],[6]。彼は計算するという概念を数学的に定式化した仮想的な機械(チューリングマシーン)を提唱することから，どうしても計算できない(計算が終了するプログラムが書けない)問題があることを示し，ゲーデルの「不完全性定理」は完成されたのであった。この業績によって，チューリングの名前は数学界に大きく知れ渡ったが，何と，そのとき彼はまだ弱冠24歳であり，博士号を持っていなかったのであった。その後，アメリカに渡り，プリンストン高等研究所に滞在し，1938年，計算機科学の基礎となる数学基礎論の分野で博士号を取得したのである。

　翌年の1939年，ヨーロッパにおいて大規模な戦争が勃発した。ドイツがポーランドに侵攻し，イギリス，フランスは対ドイツ宣戦布告をしたのである。国民にとって生命線である食料や石油等を輸入に頼っているイギリスにとって輸送船団をドイツの潜水艦Uボートから守ることは死活問題であり，そのためにはUボートが使っていた，絶対解読できない暗号と言われたエニグマを解読することが緊急課題であった。イギリスは直ちに外交暗号の傍受，解読を目的とした政府機関である政府暗号学校に優秀な数学者達を集めることにした。そこで，チューリングは，政府暗号学校に召集されることになり，純粋数学の世界とまったく違った暗号解読という仕事に転じることになったのである。暗号解読とは膨大な数(例えば，10の20乗)の可能性(鍵)の中から1個の鍵を見つけるようなものである。

そのためには，如何に効率よく鍵を探索するのかが問題であり，数学と計算機論の両方が融合した能力が必要であった。こうしてチューリングがこれまでやってきた経験が力を発揮することになったのである。彼はチューリングボンベと呼ばれる探索計算機を完成させ，1940年春，エニグマの解読に成功したのであった。ドイツは最後までこの暗号が解読されたことを知らなかったために，イギリスの輸送船団の被害は大きく減ることになった。1945年8月戦争が終わり，イギリスは救われたのである。チューリングの貢献がなければ，イギリスのみならず，世界の歴史は大きく変わったであろうが，彼の国家への偉大な貢献は暗号解読という機密事項であったことから，誰も彼のことを知ることがなかった。

終戦後，彼はイギリス国立物理学研究所(NPL)に移った。そこで，彼が手がけたのは，計算不能を証明するために用いたチューリングマシーンを発展させ，プログラム内蔵型コンピュータ（ACE）を開発することであった。1946年，彼はその設計書を作成し，NPLに提出した。しかしながら，残念なことに，当時のNPLではチューリングのACEを製作するハードウェアの能力はなく，チューリングのACEが採用されることはなかった。しかも，イギリスでは，脳を真似た（人工知能の）チューリングマシーンよりも実用志向のコンピュータの開発に力を入れる方向に進んでいたのであった。マンチェスター大学でもその路線でノイマン・アーキテクチャーを取り入れたManchester Mark Iコンピュータの開発が進んでいた。ノイマン・アーキテクチャーは，その前年にハンガリー生まれのアメリカの数学・数理科学者ジョン・フォン・ノイマンによってすでにプログラム内蔵型コンピュータ(EDVAC)の設計書で出されていたことから，プ

ログラム内蔵型コンピュータの提唱者はフォン・ノイマンとして知られているが，その基本設計を世界で最初に確立したのはチューリングであることは間違いないであろう。こうして1948年チューリングはNPLを去ることになり，マンチェスター大学に招かれたのである。そこでの仕事はManchester Mark Iのソフトウエア開発に従事するものであった。もちろん，これは彼にとって満足すべきものではなかったので，徐々に，コンピュータの可能性や脳と機械の関係等の問題に興味を持ち始めた。1950年，「機械は考えることができるか？」という，今でいう人工知能のさきがけとなる問いに対して，論文「計算機構と知能」を発表した[7]。ここでの関心が，生物と非生物という問題において非生物的な仕組み（機械）が生命現象にどこまで近づくことができるかという問題に深く関わっていることは想像できるであろう。第2節で紹介した生物の形態形成において「指令する者」と「実行する者」がいるのではという発想から拡散パラドックスを考えたのは正しくその表れではなかろうか。余談ではあるが，彼は当時の最先端のコンピュータであったManchester Mark Iに対して，開発者ではなく，そのユーザーとなって自分が出した微分方程式のシミュレーションを行ったのである。これはなんと皮肉なことであろうか。

　こうして，拡散パラドックスという我々の常識を覆す大胆な主張が発表されたのだが，わずか2年後の1954年，チューリングがベッドで死んでいるのが発見された。死因は青酸中毒による自殺と断定されたが，彼は簡単な実験が好きで部屋には多くの青酸の瓶があったことから事故の可能性もあると言われている。いずれにせよ，国家を救うという大きな貢献をしたにもかかわらず，それは秘密に

されたままになり,戦後の彼の人生は不遇であったことは間違いないだろう。

以下では,チューリングが人生の最後に主張した拡散パラドックスについて話をしよう。

4 拡散誘導不安定性の原理

まず,インクの入った水溶液の容器(これからは細胞と呼ぶ)を2つ考える。各細胞内の水溶液は充分かき混ぜられて,インクの濃度は一様になっているとする。ここで2つの細胞内のインク濃度は異なっており,水溶液の色は異なっているとする。[図2]のように2つの細胞を透過膜で結合し,インクは膜を通して出入りできるとする。この膜は,インクを濃度の高い水溶液の細胞から低い濃度の細胞に移動させる性質を持っているとする。こうして2つの細胞内のインクは膜を通して移動し,やがて2つの細胞内のインク濃度は等しくなり,水溶液は同じ色になるであろう。このとき,透過率が高ければ,移動が速くなり,早くに落ち着くし,低ければ,その逆になる。この結果は,例えば,[図3]のように,10個の細胞が9つの透過膜で結合されていても,同様のことが起こる,すなわち,10個の細胞内のインク濃度が異なり,水溶液の色が違っていてもやがて等しくなり,すべての水溶液が同じ色に落ち着く(一様になる)のである。このような性質を持つ透過膜を拡散膜という。チューリングは,このような拡散膜でいくつかの細胞が結合されていたとしても,適当な条件のもとでは因子濃度の差は逆に徐々に増えていき,水溶液の

[図2] 透過膜で結合されている2つの容器（細胞）

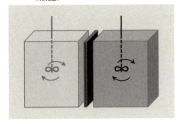

色が異なってくるという拡散パラドックスが起こり得ると考えたのである。

トラ，ヒョウ，キリン等動物の表皮にはそれぞれ特徴を持った模様がある。ここでお見せできないのは残念だが，太平洋の珊瑚礁帯に生息するニシキテグリと呼ばれる熱帯魚は鮮やかな色と大胆なデザインで，ほとんどピカソの絵の域であると思われる程の模様を作り出している。この作品はまさに生物の持つ神秘であると言わざるを得ないだろう。チューリングはこのような模様がどのような仕組みで形成されるかに対して次のような仮説を立てた。ここでは，動物の表皮に現れる模様を決定する色素細胞をイメージして細胞内にはインクの代わりに，黒い色のメラニン色素を考える。いまそれを増やす化学物質（活性因子と呼ぶ），それが増えるのを抑える化学物質（抑制因子と呼ぶ）の2つの形態因子が入っているとする。もしも活性因子が増えれば，メラニン色素が増え，細胞はより黒い色になるとする。ここで2つの因子はお互いに関係を持って，次の性質

(A1) 活性因子は自らどんどん増えていくが，同時に，抑制因子を作り出す。

(A2) 作り出された抑制因子は活性因子の増加を抑える。

を仮定する。活性因子が自ら持っている増殖効果を抑える抑制因子を自ら作り出すということは一見奇妙に思われるが，形態形成に

[図3] 拡散膜で結合されている10個の細胞はやがて同じ色になる

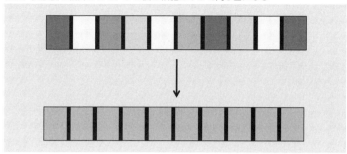

おいてしばしば現れる性質である。2つの因子は活性と抑制という二つの効果の適当なバランスによって安定な状態に保たれているとする。次に、このような細胞を2つ用意して（C_1, C_2と呼ぼう）拡散膜で結合する状況を考える。もちろん、このとき、2つの細胞内の活性因子、抑制因子がバランスをとって同じ濃度であるとすれば、膜を通して細胞間の移動はない。いま、細胞C_1, C_2内に何らかの攪乱（ノイズ、乱れとも言う）が入って因子濃度に変化が生じたとしよう。この結果、拡散膜の性質から、細胞C_1, C_2内の因子濃度は膜を通して移動し、やがて2つの細胞内の因子濃度は等しくなることが予想されるだろう。しかしながら、チューリングは、もしも拡散膜の透過率が2つの因子によって異なっている、すなわち、活性因子はあまり通さないが、抑制因子はよく通す性質を持っているならば、必ずしもこのような結果に至らないと予想したのである。それの説明をしよう。いま、細胞C_1内の活性因子濃度がわずかの攪乱が入って高くなったとしよう。そうすると、それを抑えるために抑制因子

濃度も高くなる。その結果，C_1内の2つの因子は拡散膜を通して細胞C_2内に流れ込むことになるが，拡散膜の性質から，C_1内の抑制因子はC_2内には流れ込むが，活性因子はあまり流れ込まない。こうして，C_2内では，活性因子はあまり増えないことから，抑制因子は増えることになる。この結果，C_1内では活性因子はさらに増えるが，C_2内では減少することになる。そこで，C_1内では抑制因子もまた増えることになるが，先程のプロセスと同じように，C_2内に流れ込み，活性因子は流れ込まない。この結果を繰り返すことから，C_1内の活性因子はどんどん増え，C_2内ではどんどん減っていくことが予想できるであろう。すなわち，2つの細胞内の因子濃度を等しくさせる性質を持っている拡散膜であっても，活性因子の透過率よりも抑制因子の透過率が高い場合には，2つの細胞の因子濃度の差は大きくなっていくのである。これを「拡散誘導不安定化」という。以上のストーリーは直感から来るものであるが，チューリングはこれを数学を使って示したのである。

　拡散誘導不安定化は細胞の数が多い場合でも同様に起こる。例えば，10個の細胞が1次元（直線）状に並んで，9つの拡散膜で結合されているとしよう。いま，左から3番目の細胞C_3内に擾乱が入って因子濃度が少し増えたとする。このとき，もしも拡散誘導不安定化が起こるような透過率であるならば，10個の細胞内の因子濃度は等しくならず，［図4］のように全体としてある構造を持った模様（パターン）が現れる。この考えは，さらに［図5］のように，細胞が左右上下に2次元（平面）状に並び拡散膜で結合されている場合にも拡張できる。［図6］（a），（b）は縦，横方向にそれぞれ100個，計1万個の細胞を考えて，拡散誘導不安定化によって現れたパタ

[**図4**] 10個の細胞において擾乱が入ることから生じる拡散誘導不安定化によって出現する空間模様

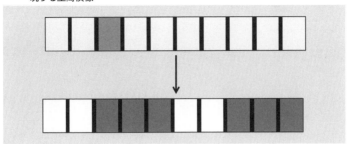

ーン（以後チューリングパターンと呼ぶ）の一例である。注目すべきことは，チューリングパターンは活性因子と抑制因子の透過率をそれぞれD_A，D_Iとしたとき，透過率比D_A/D_Iを変化させただけで，つまり，同じ仕組みでヒョウのような斑点模様からシマウマのような縞模様まで出現するという結果である。このことは，それぞれのパターンを作り出す鋳型

[**図5**] 平面上で拡散膜で結合された36個の細胞集団

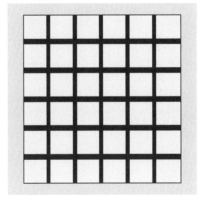

を用意する必要はないということである。例えば，[図6]のチューリ

第1章 拡散パラドックスの数理　15

[図6] 2次元チューリングパターン

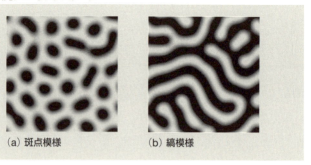

(a) 斑点模様　　　(b) 縞模様

ングパターンの出現の例では1万個の細胞内の因子にどのような濃度をとるのかという情報が与えられているのではなくて，拡散膜の性質が情報として与えられるならば，拡散誘導不安定化によって全体としての空間パターンが自発（自己組織）的に作り上げられるのである。すなわち，透過率比という一つのパラメーターの情報を与えるだけで，活性因子と抑制因子間の相互作用と拡散膜という物理・化学的な性質によって異なるパターンが形成されるのである。

　こうして，チューリングは，生物系に現れる細胞分裂や，形態形成等は，「指令する者」と「それを実行する者」がいて，指令する者は拡散膜の透過率比を与えるだけで，実行する者は物理・化学的機構であっても，可能ではないかという仮説を立てたのであった。彼は，遺伝子が生物的なイベントをすべて支配しているのではなく，遺伝子はほんの少しの情報を与えるだけで，その後は非生物的仕組みで起こるという，「指令する者」を調べるだけでは生物

系は理解できないという大胆な仮説を主張したのであった。これは，いまでいう自己組織化の考え方そのものである[8]。

5 　　生物学と数理科学の融合

それでは，チューリングの提唱した拡散パラドックスは机上の空論なのだろうか？　あるいは生物系にも現れるのであろうか？　それに答えるためには，次の2つの性質

(P1)性質(A1)，(A2)を持つ活性因子，抑制因子が存在する。
(P2)抑制因子の透過率が活性因子のそれよりも適当に大きい拡散膜がある。

を満たす形態因子とそれに対応する拡散膜を生物系において見つけなければならない。

残念ながら，この問題はなかなか解決されないままであった。1988年，イギリスの応用数学者であり，数理生物学者であるジェームズ・マレーは，動物の模様はどのようにしてでき上がるのかという問題を取り上げ，「ヒョウの斑点はどのように決まるか？」を発表した[9]。彼はチューリングの考えに基づいて，まず化学物質である形態因子によって模様パターンが作られ，その場所にメラニン色素が沈着して模様を形成すると考えたのである。そのことから，動物の表皮模様の多くがチューリングの拡散誘導不安定性によって現れることを示した。さらに，彼は，同じ仕組みであっても，[図7]のように，動物の身体の大きさに依存して様々な模様が現れることを強調し，動物の表皮パターン形成はチューリングの考えで説明できる

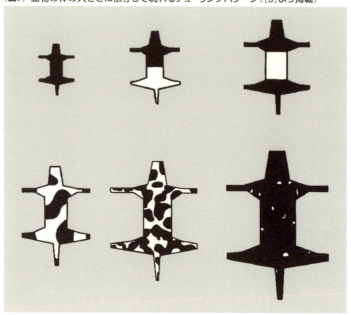

[図7] 動物の体の大きさに依存して現れるチューリングパターン（[9]より掲載）

のではないかと問いかけたのであった。しかしながら，依然として現実の系においてそのような性質を持つ形態因子や拡散膜が存在するのかという問題は解決しないままでいた。

　一方、化学の世界では1970年代に入り，(P1)の性質を持つ化学反応の仕組みがわかり始めた。さらに，容器内で拡散性の化学物質の反応を考えるとき，化学物質の拡散は，これまで扱ってきた，拡散膜で結合された細胞が微小で，かつその数が膨大である系で

表現できること，そしてチューリングの拡散誘導不安定化の議論が拡散性物質の化学反応に対して適用でき，拡散誘導不安定化を起こす拡散膜の透過率は化学物質の拡散率に対応することがわかったのである。こうして次の問題は，（P2）である活性，抑制因子の役割を持つ化学物質の拡散率をどのようにしてチューリングのレシピに合わせるかであった。1990年，フランスの化学者であるパトリック・ドケッパーのグループはCIMA反応と呼ばれる酸化還元反応においてゲルを巧みに用いることからそれに成功したのである[10]［図8］。こうして，チューリングによって提唱された拡散パラドックスのチューリングパターンは40年後に，ようやく現実の系で再現されたのであった。翌年，アメリカの化学者であるハリー・スウィニーのグループは反応物質の濃度を制御することから，［図6］で示された数学モデルに現れた斑点や縞模様を［図7］のように実際の化学反応系において見事に再現したのである[11]。これは，チューリングパターンが現実の系で示された最初の成果であり，これによって生物系にも現れるのではという期待が一段と高まったのである。

　貝殻の形，模様は実に多様で，しかも複雑さの中にある構造を持った美しさを見ることができる。巻貝一つとっても，そこに現れる模様は実に様々である。貝殻の模様は動物の表皮全体に現れる模様と違って，殻のへりに色素を含んだ石灰化した物質が付着して大きくなっていくという過去の1次元模様の歴史的な蓄積の結果である。［図9］の左側はコーンのような形をしているクロミナシガイと呼ばれる巻貝であり，左側の上段は横から見たところで，表面には特徴ある三角形状の大小が模様を作っており，下段は殻が螺旋状に巻き込んでいる様子である。このような貝殻の模様に対して，

[図8] CIMA反応に現れるチューリングパターン（[10]より掲載）

（a）斑点模様

（b）縞模様

1995年ドイツの理論生物学者のハンス・マインハルトは「The Algorithmic Beauty of Sea Shells」においてチューリングの拡散誘導不安定化をさらに発展させたモデルを導出し，そのシミュレーションから様々な貝殻模様を再現したのである[12]。[図9]の右側の絵はその一例で，クロミナシガイのモデルシミュレーションである。どちらが実際の貝で，どちらがモデルのシミュレーションかの見分けがつくだろうか？

　観賞用の熱帯魚であるエンゼルフィッシュに美しい縞模様があるのはよく知られている。仔魚の頃は縞の数は少ないが，成長し，大きくなるにつれ，その数は，縞の幅がほぼ一定になるように増えていく。このとき，縞の幅がある程度広くなると，あたかも誰かが指令しているかのように，その間に新しい縞が現れるのである。このように成長と共に縞の間隔が制御された縞模様が形成されるのである。これはシマウマの縞模様も同様である。生物学者である

[**図9**] クロミナシガイに現れるパターン
（左側が実際の巻貝，右側がモデルのシミュレーション（[13]より掲載）

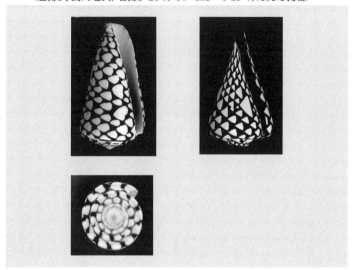

近藤滋と浅井理人は，この点に注目し，チューリングパターンが最終模様を再現しているだけでなく，作り上げる過程も再現していることを示したのである[13]。

　しかしながら，動物の模様形成が，例えば，形態因子の拡散率を変えるという情報が与えられると，その後は非生物的機構で行われるのではないかというチューリングの考え方は，いまだその要因である形態因子が明確に見つかっていないことから，残念ながら，まだ生物学者に完全に認められているというわけではない。だが，

ものごとが「指令する者」と「実行する者」で進められるという考え方は，その後大きく発展し，今では「自己組織化の科学」という新しい学問分野の理論的支柱となって自然科学のみならず社会科学分野においても開花したのである[14]。

おわりに

チューリングは42年間で彼の人生を閉じた。人生に悩み，苦しみそして社会を恨んだことが彼の死を早めたことは間違いないだろう。しかしながら，彼の並外れた業績はわずか20年足らずであったが，数学者，暗号解読者，計算機科学者そして数理生物学者としてそれぞれの分野においてその名を残した。暗号解読機のチューリングボンベ，コンピュータの原型となるチューリングマシーン，人工知能を判定するチューリングテスト，今回取り上げたチューリングパターン，そしてコンピュータサイエンス分野のノーベル賞とも言える「チューリング賞」がその一例である。チューリングは20世紀の数学者であり科学者として大きな足跡を残したが，21世紀に入り，彼のこれまでの業績の引用件数は確実に多くなっている。この意味で，彼は常に我々より先に進んでいた天才科学者であり，"21世紀"の最も優秀な数理科学者であると言ってよいのではなかろうか。

参考文献

[1] ── A. M. Turing：The Chemical Basis of Morphogenesis, Phil. Trans. Royal Soc., London 237 B, 37-72（1952）
[2] ── A. L. Hodgkin and A. F. Huxley：A quantitative description of membrane current and its application to conduction and excitation in nerve, J. Physiol. 177, 500-544（1952）
[3] ── J. D. Watson and F. H. C. Click：A Structure for Deoxyribose Nucleic Acid, Nature 171, 737-738（1953）
[4] ── K. ゲーデル：『不完全性定理』（林 晋，八杉満利子訳），岩波書店（2006）
[5] ── A. M. Turing：On Computable Numbers, with an Application to the Entscheidungs problem, Proc. London Math. Soc. (2) 42, 230-265（1936）
[6] ── 星野 力：『甦るチューリング コンピュータ科学に残された夢』，NTT出版（2002）
[7] ── A. Turing: Computing machinery and Intelligence, Mind 59, 433-460（1950）
[8] ── 三村昌泰：チューリングと自己組織化，『数学セミナー』609，19-23（2012）
[9] ── J. D. マレー：ヒョウの斑点はどのように決まるか（川道武男訳），『サイエンス』5月号，64-72（1988）
[10] ── V. Castets, E. Dulos, J. Boiionade and P. De Kepper：Experimental Evidence of a Sustained Standing Turing-Type Nonequilibrium Chemical Pattern, Phys. Rev. Lett. 64, 2953-2956（1990）
[11] ── Q. Quyang and H. Swinney：Transition to chemical turbulence, Chaos, 1, 1054-1500（1991）
[12] ── H. Meinhardt：The Algorithmic Beauty of Sea Shells, Springer（1995）
[13] ── S. Kondo and R. Asai：A reaction-diffusion wave on the skin of the marine angelfish Pomacanthus, Nature 376 765-768（1995）
[14] ── P. クルーグマン：『自己組織化の経済学』（北村行伸，妹尾美起訳），東洋経済新聞社（1997）

第2章
立体知覚と錯視の数理
——人は欠けた奥行きをなぜ補えるのか

杉原厚吉

1 はじめに——奥行きを知る三つの手がかり

　私たちは視覚を使って,目の前の状況を判断することができます。これを,普段の生活では当たり前のようにやっていますが,これは決して当たり前にできることではありません。たとえば,ロボットに同じことをやらせようとしても大変難しく,現在の最先端の科学技術を使っても,人と同じような性能をもつ視覚は到底作れません。目でものを見て状況を理解することは,人の高度な知能の一部であり,その仕組みについては,まだわかっていないことが多く残っています。本章では,奥行きのある3次元の世界を目で見て理解する立体知覚に焦点を合わせて,その数理モデルと人の視覚とを比較しながら視覚という知能がどこからくるのか探っていきます。

　人が目で見た情報から奥行きを知覚する原理は,数理的には三つのものに分類されます[1]。

　その第一は,右目で見た情報と左目で見た情報を統合することによって奥行きを知る方法で,両眼立体視と呼ばれます。私たちの目は,6,7センチメートル離れて左右に二つあります。そのため,同じものでも右目に見える姿と左目に見える姿は少し異なります。特に,対象の一点に注目したとき,右目から見える方向と左目から見える方向が異なり,両方の目からそれぞれの方向へのばした半直線の交わるところが,実際に注目点のあるところということになります。すなわち,両目を結ぶ線分と,左右の目から注目点へのばした半直線とで三角形が確定し,それによって目から立体までの距離を知ることができるのです。これは三角測量の原理と同じです。注目する点が左右の網膜のどこに写っているのかという対応を見つ

けることは自明ではありませんが，それさえできればあとは明確な原理です。ただし，対象が遠くにあると，左右の目での見え方の違いがほとんどなくなりますから，この原理は使えません。両眼立体視が使えるのは7メートルぐらいまでだと言われています。

　奥行きを知覚する第2の原理は，自分が動くことによる見え方の変化を利用するもので，運動立体視と呼ばれています。走っている電車の窓から外の景色を見るとき経験することですが，近いものほど速く動き，遠くのものほどゆっくり動きます。この動き方の違いから相対的な奥行きがわかります。また，今までほかの物体に遮られて隠れていたものが見えてくることもあります。これによっても物体同士の前後関係がわかります。

　もし，自分がどのように動いているのかが正確にわかっているなら，時々刻々位置が変わった多数の目で外の世界を眺めているとみなせますから，両眼立体視と同じ原理で対象までの距離がわかるでしょう。でも，運動立体視の特徴は，自分の動きが正確にはわかっていなくても奥行きの情報が得られるところにあります。外の世界が静止している場合には，自分の動きによって時間的に変化する網膜像が得られます。この網膜像の変化を，並進によるものと回転によるものに分けることができます。このうち，回転成分は奥行きの情報を含みません。並進成分の中に奥行きの情報が含まれます。ただし，この場合は両眼立体視と違って，絶対的な距離はわかりません。視野の中の物体の相対的な距離がわかるだけです。ですから，両眼立体視とは違う第2の奥行知覚原理とみなすことができます。でもこれも数理的に明確な原理ということができるでしょう。

　ところで私たちは，写真を見てそこに写っている立体の奥行きを

読み取ることができます。また，自分が静止したまま，両眼立体視の効かない遠くの景色を眺めても，奥行きを理解できます。このような場面では，両眼立体視も運動立体視も使えません。ですから，私たちは，少なくともさらにもう一つ立体を知覚する原理をもっていると考えざるをえません。この第3の原理が何かを探りたいというのが，本章の目標です。

両眼立体視も運動立体視も使えない場面で奥行きを知覚できる私たちの視覚機能は，単眼立体視と総称されています。ただし，これは，両眼立体視や運動立体視のように数理的に明確な原理を意味するものではありません。両眼立体視も運動立体視も使えない場面でも私たちが奥行きを知覚できるという事実を，とりあえずそう呼んでみたというにすぎないように思います。つまり「その他の原理」という程度の意味です。

本章では，この単眼立体視の正体を，現象数理学のアプローチで探ります。まずは外の景色から光が目に届くまでの過程を幾何学的に表現し，その逆過程として立体知覚問題を定式化します。3次元の世界を2次元の網膜像へ投影すると奥行きの情報は欠落します。ですから，投影像から立体を復元しようとすると，解が一意には定まりません。しかし私たちは，写真を見て，そこに写っている人や建物の形を一義的に読み取ることができます。これは網膜像にはない情報を脳が補っているからだと考えられます。ない情報を勝手に補うのですから，いつも正しく補えるわけではありません。間違えることもあります。そのとき錯視が起こります。ですから，錯視を観察すると，脳がどのように奥行き情報を補おうとしているのかがわかってきます。以下ではこの道筋をたどってみましょう。

2　投影の幾何学

　私たちが目でものを見ることができるのは，ものから出る光が目に届くからです。光は空気中を直進し，水晶体と呼ばれるレンズを通ったあと，網膜に像を結びます。

　ものの前に白い紙をかざしても，ものの像は写りません。これは，ものから出た光だけでなくまわりのいろいろな方向から来た光が，その紙に当たって紙が白く照らされるだけだからです。でも，この紙を光を通さないおおいで包み，そこに一点だけ小さな穴をあけると，まわりから来た光のうちその穴を通過したものだけが白い紙に届き，像が結ばれます。この穴の役目をするのが水晶体です。ただし，小さな穴では，そこを通る光は少なく，像も暗くなります。そこである程度のひろがりをもった大きな穴をあけて，そこに届く光をあたかも一点を通った光のように向きを変更し，明るい像を結ばせる役目を果たしているのがレンズです。ですから，レンズは像を明るくさせる道具とみなすことができますから，ものの像が結ばれる過程を調べるときには，レンズの代わりに一点だけの小さな穴を考えるのが便利です。この考え方に基づいて，目に届いた光が網膜に像を結ぶ様子を表したのが［図1］です。外から来た光は，レンズ中心に当たる穴を通過すると，上下，左右が逆になります。それが，球の内側のような形をした網膜に投影されて，像が作られます。

　網膜は曲面ですが，代わりに平らな白い面を置けば，そこに像が結ばれます。さらに［図2］に示すように，その紙をレンズの前へ移動すれば，穴を通るはずの光が，穴を通る前の正立した姿勢で像を結ぶとみなすことができます。言い換えると，ものからレンズ中

[図1] レンズ（水晶体）を通って網膜に投影される像

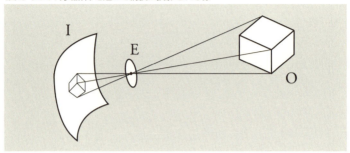

心へのばした直線が途中の白い紙と交わる点をそのものの像とみなすことができます。このように考えても，ものとその像との幾何学的関係は変わりません。したがって，以下では，[図2]に示す形で，ものOと，レンズの中心Eと，投影面Iの関係を考えることにします。特にEを視点と呼びます。

3 立体復元の自由度

もう一度［図2］を考えましょう。この図に示すように，ものの表面の頂点などの特徴的な一点Pに着目しましょう。Pと視点Eを結ぶ直線が投影面Iと交わる点をP'とします。P'がPの像です。OとEとIが固定されている環境でPを指定すると，その像P'は一意に決まります。これが投影です。この投影を物体のすべての点に対して行っ

[図2] 投影の数理モデル

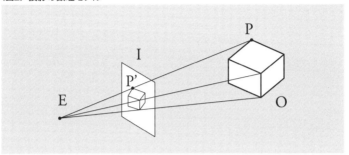

てものの像を作るのが，カメラによる写真撮影です。

　一方，私たちが写真をのぞき込む場面は，像が固定された投影面Iと，目の位置である視点Eとが与えられているとみなせます。写真から奥行きを読み取る作業は，写真の中の各点P'に着目し，そこに像を結んだもとの立体上の点Pを探すことに相当します。このときPは一意には決まりません。EからP'を通過してのびる半直線のどこにPがあっても，同じP'の位置にその像ができるからです。このように，投影図からもとの立体を読み取る作業は，答えが一つには決まりません。だから写真の解釈には任意性が残ります。

　写真の中の一点が3次元空間のどの点の投影像なのかを指定するためには，視点からの距離という一つの実数値を与えればよいでしょう。なぜなら，視点Eから出て写真の中のその点の像を通る半直線上にあることはすでにわかっているからです。このように一つの実数値を与えると状態が定まる場面は，自由度1をもっていると

[図3] n個の孤立点の自由度　　[図4] 同一平面上に含まれるn個の点

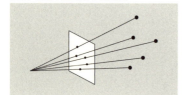 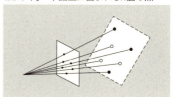

表現されます[2]。だから写真の中に2個の孤立点があればそれらの自由度は2であり、n個の孤立点があれば自由度はnということになります。[図3]は、n個の孤立点がある場合を示していますが、黒丸はその点までの距離を自由に指定できることを表しています。

　ただし、点の間の関係がわかっていると、自由度は変わります。たとえば写真の中のn個の点が、3次元空間で同一平面上に乗っていることがあらかじめわかっているとしましょう。この場合は、[図4]に黒丸で示すように、3個の点の視点からの距離を指定するとその平面が決まり、残りの点は、視点から写真の中のこれらの点を通ってのびる半直線とその平面の交点として定まりますから、自由度は3です。

　また、写真の中のn個の点が、3次元空間で同一直線上に乗っていることがあらかじめわかっているとしましょう。このときには、まず、[図5]に示すように、それらの像は写真の中でも同一直線上に乗っていなければなりません。そして、そのうちの黒丸の2点の視点からの距離を指定すると、その2点を通る直線が定まり、残りの点は視点からのびる半直線とその直線との交点として定まります。

[図5] 同一直線上に乗っているn個の点　　[図6] 自由度4の立体

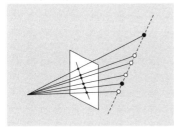
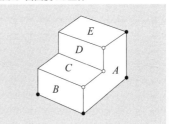

ですから、この場合の自由度は2となります。

　自由度が小さければ、少しの数値を外から与えるだけで状況を決定できますが、自由度が大きいときには、たくさんの数値を外から与えなければ、状況は決定できません。このように、自由度は、写真からもとの立体の形を決定するときの選択の余地の大きさを表すとみなすことができます。だから、自由度が大きいということは、写真に写っているものについて事前にわかっている情報が少ないことを意味します。逆に、自由度が小さいということは、対象について多くのことがわかっており、あと少しの情報を付け加えるだけで立体の奥行きが決まることを意味します。

　対象について多くの情報があって、自由度が小さい場合の一例を[図6]に示します。この図に描かれている立体は、曲面は使わないで平面だけで囲まれていることがわかっているとしましょう。そして、その立体を一般の位置に視点を置いて描いたものだということもわかっているとしましょう。ですから、この図の中の二つの面の共通の境界線は、3次元空間でこれら二つの面が接続してできる

稜線を表しています。空間で全く別の位置にある二つの線分が投影図の中でたまたま一致したということはありません。このように，この絵の中の線分は二つの面が接続してできる稜線の像であることがわかります。図の中で片側にしか面が描かれていない線も，もう一つの面が裏側に隠れていて見えないだけで，空間では二つの面が接続する稜線であることに変わりはありません。

　このように面と面がどのように接続して立体ができているかがこの図からわかりますが，これはたいへん多くの情報を含んでいます。そして，その結果，この図を投影図にもつ立体を復元するための自由度はそれほど大きくはありません。実際，この立体の自由度は4です。このことは次のようにしてわかります。まず，面A上の黒丸の三つの頂点の視点からの距離を指定したとしましょう。このとき，自由度のうち3だけ使ったことになります。これによってこの3点の空間の位置が決まりますが，それに加えて，これらの点が乗っている面Aも決まります。ですからさらに，Aの上の残りの白丸の頂点の3次元位置も決まります。

　次に面B上のもう一つの黒丸の頂点までの距離を指定しましょう。これで，4番目の自由度を使ったことになります。すると，面B上の三つの頂点（二つの黒丸と一つの白丸の頂点）の3次元位置が確定しますから，面Bの位置も決まり，B上の残りの一つの頂点の位置も決まります。これによって面C上の3頂点の位置が決まったことになりますから，面C自体も位置が決まり，C上の残りの一つの頂点の位置も決まります。同様にして，面D，Eと，それらの上の頂点の位置が決まります。その結果，この立体の見えている部分の3次元位置がすべて確定します。

このように，四つの頂点の視点からの距離を指定すると，立体の位置が完全に決まります。ですから，この立体の自由度は4だということがわかります。実際，単なる一枚の面ではなくて厚みのある立体なら，投影図から立体を復元するときの自由度は4以上です。なぜなら，立体の一つの面を確定するのに3点の距離を与える必要があり，さらにその立体の厚みを確定するためにその面には含まれないもう一つの点の距離を与える必要があるからです。

　以上に見たとおり，視点位置を決めて［図6］の投影図から立体を復元する際の自由度は4でした。この4という自由度の値は投影図だけから決まるものではありません。ここに描かれている立体が平面だけで囲まれていること（したがって，その上の3組の頂点の位置を決めると面が確定すること），視点が一般の位置にあること（したがって，絵の中で面に乗っているように見える頂点は本当に面に乗っていること）などの情報が追加されたからこそ，自由度が4に限定されたわけです。

　一般に，写真や絵などの一枚の投影図自体は，奥行きの情報をもっていません。それなのに私たちがそれを見て立体を読み取ることができるのは，投影図以外の情報を追加するからです。多くの場合，この情報の追加は無意識のうちに行われます。［図6］の例では，面が平面で視点が一般の位置にあるという仮定を設けると自由度が4まで減らせることがわかりましたが，それでもまだ4もあります。もっと減らさないと立体の形は確定しません。［図6］を見たとき，私たちは小さな立体が近くにあるのか大きい立体が遠くにあるのかということは判断できないでしょう。ですから，視点から立体までの距離という1自由度分は残っているのだと思います。でも，それ以外に自由度が残っているようには感じられないのではないでしょう

か。大きさの任意性だけを除いて，立体の形は確定していると感じるのではないでしょうか。これは，面が平面であり視点が一般の位置にあるという情報に加えて，さらに多くの情報を付け加えていることを意味します。しかし，脳はこの情報の付加を無意識のうちに苦もなくやってしまうので，どのような情報が付加されているのかがすぐにはわかりません。これを調べるために，次に，不可能立体の絵と呼ばれるだまし絵に着目してみましょう。

4　不可能に見えるだまし絵

不可能立体の絵と呼ばれるだまし絵があります。これは，絵には描けるけれど立体としては作れそうにないと感じる構造で，日本の画家の安野光雅[3]やオランダの版画家エッシャー[4]などが作品の素材として使ったことでも有名です。

このようなだまし絵は，天才的なひらめきがないと描けないと思われがちですが，実は誰にでも簡単に描ける方法があります[5]。それは，立体の正しい絵の中の見えている部分と隠れている部分を入れ替えるという方法です。これを例で示しましょう。

[図7] (a) は，四角い枠の中に1本の角材が貫通している状況を表した正しい絵です。この絵の中で，見えている部分と隠されている部分を入れ替えたのが，同図の(b)です。(b)を見ると，角材があり得ない向きに貫通していると感じるのではないでしょうか。あり得ないと感じますから，これはだまし絵です。そして，そこに描かれている構造は，不可能立体などと呼ばれます。このように，不

[**図7**] 正しい絵とだまし絵

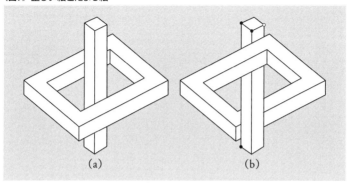

可能立体のだまし絵は誰にでも簡単に描けるものなのです。

ところで，[図7](b)のだまし絵は，本当に立体としては作れないのでしょうか．実は作れます．実際に作った立体の画像を[図8]に示しました．(a)は，だまし絵と同じに見えるカメラ位置から撮影したもので，(b)は別の位置から撮影したものです．(b)を見ると，[図7](b)を見たとき私たちが受ける印象とは違った立体であることがわかると思います．実際，穴を貫いている角材は，断面が正方形の普通の角材ではありません．断面の形はほぼ平行四辺形です．また，角材の上端の切り口は，角材の軸方向に直角ではありません．斜めに切断した切り口です．枠を構成する四つの角材も断面は正方形ではなく平行四辺形で，それらが角でつながる角度も直角ではありません．

一見作れそうにない[図7](b)のだまし絵が，このように立体とし

[図8] 図7（b）のだまし絵の立体化

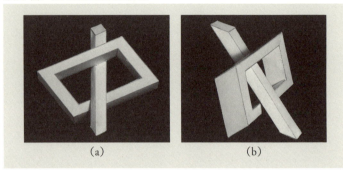

て作れることは，絵から立体を復元する自由度を考えると，ある程度は理解できます。[図6]で見たように，厚みがあり，平面だけで囲まれ全体がつながった立体の絵には，少なくとも4だけの自由度があります。[図7]（b）では，そのような立体が2個描かれていますから，その自由度は8あります。そこで，まず，自由度4だけの情報を与えて枠状の立体の形を空間に一義的に固定したとしましょう。そして，残りの自由度4を使って，穴を貫く角材の形を決定することを考えてみましょう。

まず，[図7]（b）の黒丸で示した角材の上端の二つの頂点に対して，視点からの距離を十分大きな値に選んで指定します。これによって，角材の上半分が，枠の後ろ側を通っているという状況が作れるでしょう。次に[図7]（b）の角材の下の端の黒丸で示した一つの頂点に対して，視点からの距離を十分小さな値に指定します。これによって，角材の下半分が枠の前を通過しているという状況が

[図9] 不可能立体「無限階段」

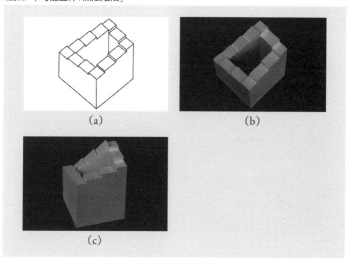

(a) (b) (c)

作れるでしょう。最後に，[図7] (b) の角材の上端にある白丸の一つの頂点の視点からの距離を指定すれば，角材の厚みが決まって，角材の形と位置が定まります。というわけで，四角い枠と角材のそれぞれが自由度4をもち，それを利用すると，見えているところと隠されているところを[図7] (b) のとおりに作ることができることを理解していただけるでしょう。

同じように，一見作れそうにないと感じるためにだまし絵と呼ばれているにもかかわらず，立体として作れる絵はたくさんあります。そのような立体の例を[図9]と[図10]に示しました。いずれも，(a)は不可能立体のだまし絵，(b)はだまし絵と同じに見える方向から撮

第2章 立体知覚と錯視の数理　39

[図10] 不可能立体「じょうだんの好きな4本の柱たち」

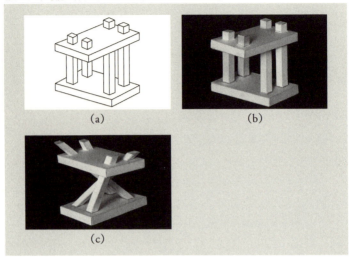

影したもの，(c)はそれを別の方向から撮影したものです。

[図9]は，四角い中庭のある建物の屋上にロの字型に作られた階段で登っていくと出発点に戻ってしまう「無限階段」のだまし絵を立体化したものです。このだまし絵は，オランダの版画家エッシャーがその作品「上昇と下降」(1960)の中で素材に使ったことでも有名です。

[図10]は，四本の柱の前後関係が，床と天井で逆転しているだまし絵を立体化したものです。このだまし絵の構造も，エッシャーの作品「物見の塔」(1958)の中で使われています。

このように[図7](b)のだまし絵は，立体として作れます。でも私

たちはこの絵を見たとき，［図8］のような立体を思い浮かべることはできません。なぜでしょうか。それは，欠けた奥行きを補うために，脳が追加する情報が，［図8］の立体のような解釈を許さない，もっと別の情報だからでしょう。それが何かを考えるために，目に映った画像から奥行きを復元する脳の振舞いをさらにいくつか見てみましょう。

5　両眼立体視にさからう錯視

　逆遠近法と呼ばれる錯視図形があります。その一例を[図11]に示します。この図の (a) に示すように，建物などが写されている素直な写真を使います。ただし，この図形は，平面ではなくて立体です。しかも，描かれている建物の本当の奥行きとは逆の奥行きをつけてあります。すなわち，視点から見て，建物の近いところほど遠く，遠いところほど近くなるように奥行きをつけた立体となっています。[図11] (a) を斜めの方向から見たのが，同図の (b) ですが，建物と建物の間の一番遠いところが出っ張っているのがわかります。

　この立体図形を正面から見ると，平面に描かれた普通の絵に見えます。しかし，頭を左右上下に振ると，この図形が単なる平面画像とは異なる動きをするので，立体でできていると感じます。でも，描かれている建物の遠近とは逆の凹凸がつけられているために，期待に反した動きを知覚し，奇妙な感覚にとらわれます。この錯視は，不思議なことに，2〜3メートル離れたところから両目で見ても起こります。

[図11] 逆遠近法

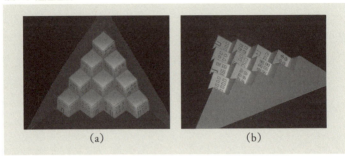

(a)　　　　　　　　(b)

　私たちは、左右の目で同時に対象を見ると、見え方の違いから、その対象までの距離を知覚できます。距離の正確な数値がわかるわけではありませんが、二つのもののどちらが近いかという相対的な距離を知ることができます。この機能は両眼立体視と呼ばれています。そしてこれは、視点から5メートル以内ぐらいにある対象に対しては、特にはっきり知覚できます。

　ですから、[図11]のような立体を2〜3メートルの距離から見るときは、正しい凹凸が知覚できるはずだと想像してしまうのですが、この予想に反して、正しい凹凸を知覚できません。これは、絵から感じる建物の立体構造が、両眼視差の情報を無効にしてしまうほど強いことを示しています。

　同じように、両眼で見ても凹凸を逆に知覚してしまう錯視にホロウマスク錯視があります[6]。これは顔につけて遊ぶお面を裏返しにして眺めても、普通の顔のように出っ張って見えるという現象です。

[**図12**] ホロウマスク錯視

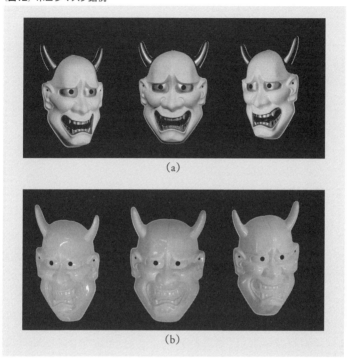

(a)

(b)

　[**図12**]に例を示しました。この図の(a)は，お面を普通に表を向けて見たものです。中央が正面から見たところ，右が少し右側へずれた位置から見たところ，左が少し左側へずれた位置から見たところです。一方，同図の(b)はこのお面を裏返して見たものです。同じように中央が正面から見たところで，右と左はそれぞれが少し

右または左へずれた位置から見たところです。多くの人にとって，(b)も出っ張った顔の形に見えます。また，左右に動くと，顔の向きが(a)のように変わると期待されるのですが，その期待を裏切って(b)のように変わります。特に，お面の前で横方向に動くと，お面が自分の動きと同じ方向に向きを変えるように感じます。この錯視も，両目で見て生じますから，顔は出っ張っているものだという「知識」が，両眼視差の情報を打ち消すほど強いのだと考えられます。

両眼立体視は数理的に明確な奥行き知覚の原理で，目から数メートル以内の距離にある対象に対しては，どこが出っ張っていてどこが引っ込んでいるかを知る強力な手がかりであると思いがちです。しかし，逆遠近法錯視やホロウマスク錯視を観察すると，人が立体を知覚する際には，両眼立体視よりもっと強力な奥行き知覚の機構が脳の中にあると考えざるを得ません。

この知覚機構は，対象の具体的な個別知識というよりは，もう少し一般的なものでしょう。逆遠近法錯視は，今まで見たことのない建物の写真や絵でも起こりますから，具体的な建物の形を知っているか否かではなく，建物のうち大きく見える部分は視点に近く，小さく見える部分は視点から遠いという遠近法の一般的性質がかかわっていると考えられます。ホロウマスク錯視も，はじめて見るお面でも起きますから，個別の顔の知識ではなくて，人の顔——あるいは人の顔を素材として使ったお面というおもちゃ——というものの一般的知識がかかわっていると考えるべきでしょう。

このように，私たちが常識的にもっている知識は，立体を見たときですらその凹凸を逆に解釈してしまうほど強く知覚に影響を与えます。平面の上に提示された写真から奥行きを知覚する場面でも，

これらの知識は同じように強い影響をもっていると考えられます。写真や絵から奥行きを知覚する仕組みを探る手がかりとなると思われる錯視をさらにいくつか見てみましょう。

6　クレーター錯視とテクスチャー勾配

　クレーター錯視と呼ばれる錯視があります[6, 7]。例を[図13]に示します。この図の(a)は，家の壁を撮影した写真です。水平方向に4本のくぼんだ線があるように見えるでしょう。一方，同図の(b)では，水平方向に4本の出っ張った線が走っているように見えるのではないでしょうか。実は(b)は，(a)の写真を180度回転させたものです。同じ写真なのに姿勢を180度回転させると，引っ込んでいるか出っ張っているかが逆に見えてしまいます。この現象は月のクレーター写真でよく起こるので，クレーター錯視と呼ばれています。

　クレーター錯視がなぜ起こるかについては，次のように考えられています。私たちは，通常，上から照らされている環境でものを見ています。昼間なら太陽によって，夜なら天井の照明によって照らされています。ですから，私たちの脳には，画像の中の陰影を解釈するときも，上から照らされていることを暗黙の前提とするという習慣が身についてしまっているのでしょう。その結果，[図13](a)では4本の溝があり，同図の(b)では4本の出っ張りがあると知覚されるのだと思います。

　クレーター錯視は，コンピュータ画面にプッシュボタンを表示するときにも利用されています。[図14]の左に示すように，長方形の上

[図13] クレーター錯視

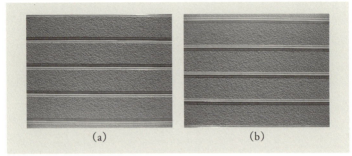

[図14] ベベル図形

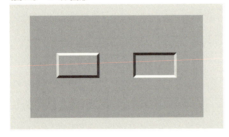

側と左右のうちの一つの側に明るい縁取りをし，その反対側に暗い縁取りをすると，ボタンが出っ張っているように見えます。同じ長方形に対して，同図の右に示すように，明るい縁取りと暗い縁取りを入れ替えると，今度はボタンが押されて引っ込んでいるように見えます。この知覚も，脳が，上から照らされた環境でボタンの状態を解釈しようとしているのだと説明できます。このプッシュボタン表示は，ベベル図形と呼ばれています。

　立体の表面に模様が描かれていたり，布の織目のように材質が

[図15] テクスチャー勾配からの奥行き知覚

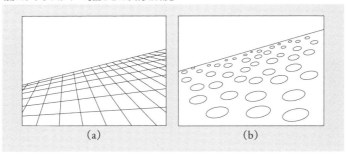

もつ肌理がある場合があります。これらの表面情報はテクスチャーと呼ばれます。テクスチャーの見かけの密度勾配なども立体の奥行きを知覚する手がかりとなります[7]。

たとえば［図15］(a) を見ると，正方格子の描かれた平面が斜めに傾いていると感じます。これは，正方格子というテクスチャーの見かけの勾配が手がかりとなって，面の傾きを解釈できているのだと考えられます。理論的には，この図のような勾配をもったテクスチャーが描かれた面を正面から見ているという状況もあり得ますが，私たちの脳は，そのような解釈は普通は思い浮かべません。テクスチャーの見かけの勾配は，密度勾配のない一様なテクスチャーで覆われた面が傾いたために生じているのだと解釈します。

［図15］(b) の絵も，同じように平面が傾いているところを描いたように見えます。この場合は，一様な密度でランダムに置かれた円で表面が覆われていると脳が解釈するのでしょう。そして，その面

が傾いたために密度の勾配が生じていると解釈し，面の傾きを知覚するのだと思います。もっとも，この図の場合は，楕円の大きさ，長軸の方向，長軸・短軸の比なども，すべて円の描かれた平面が傾いた状況と整合性がとれるように描いてあります。ですので，楕円の密度と楕円の形の両者が互いに補強し合って，面の傾きの知覚を誘発しているのでしょう。

このように，画像や写真の中の明るさの濃淡やテクスチャーの密度も奥行きを知覚するための手がかりとなっています。ただしこの場合の奥行き情報は，濃淡やテクスチャー自身が単独でもっているわけではありません。照明は上から当たっているであろうとか立体を覆うテクスチャーの密度は一様であろうという推測を追加したとき，はじめて陰影やテクスチャー勾配が奥行きを知る手がかりとなるわけです。

7　直角の大好きな脳

ここまでに，顔や遠近法に関する常識が奥行きを実際とは逆に感じる原因となることや，照明方向やテクスチャー密度に関する常識的推測が画像から奥行きを知覚する手がかりになることを見てきました。では，だまし絵を見たとき，人はどのような知識や前提を使って，立体として解釈しようとしているのでしょうか。特に，立体として作れるだまし絵に対して，人はなぜその立体を思い浮かべることができなくて，不可能だと思ってしまうのでしょうか。ここでは，この疑問について考えてみましょう。

第4節に示した[図7](b),[図9](a),[図10](a)のだまし絵をもう一度眺めてみましょう。そこには陰影やテクスチャーは描かれていませんから,そのような手がかりは使えません。また遠近法的な描き方もされていませんから,遠近法の手がかりも使えません。では私たちはこれらの絵を見たとき,いったいどのような手がかりを使って奥行きを読み取ろうとするのでしょうか。これについては,脳の中で何が行われているのかは明確にはわかりませんから,仮説を立てながら議論していくことにしましょう。

　私たちは,第4節に示しただまし絵を見たとき,曲面を含む立体を思い浮かべることはあまりないでしょう。ですから,まず,次の仮説を出発点において考えていくことにしましょう。

仮説1　直線だけで描かれた(すなわち曲線を含まない)線図形から立体を読み取ろうとするときは,平面だけで囲まれた立体の範囲で,立体を探そうとする。

　第4節で見ただまし絵には,遠近法的効果は描かれていません。これは,立体を十分に遠くから眺めているために,立体の中の互いに平行な稜線は,それを描いた絵の中でも互いに平行であるという状況だと考えることができます。そこで,ここでは,立体は十分に離れたところから見て描かれており,したがって,立体上の平行な稜線は絵の中でも平行に描かれていると仮定することにしましょう。

　第4節に示しただまし絵は,いずれも,3組の平行線だけを使って描かれているという特徴をもっています。もう一方で,一般の姿

[図16] 3方向の線のみで描かれた図形

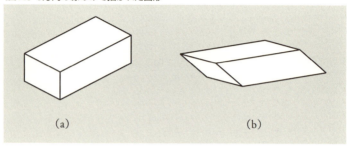

(a)　　　　　　　　　　　　(b)

勢に置いて立体を見たとき，稜線の向きが三つの方向のみに限定される立体の代表的なものは，直方体のように，互いに直交する三つの法線方向をもつ面だけで囲まれた立体でしょう。言い換えると，すべての稜線において，両側の面が直角をなす立体です。このような立体を，直角立体と呼ぶことにしましょう。

　この二つの観察を組み合わせて，「3方向の線だけで描かれた線図形から立体を読み取ろうとするときは，直角立体の範囲で立体を探そうとする」という仮説を立てたくなるかもしれません。しかし，これは少し早計です。なぜなら，平行六面体のように3方向の法線をもつ平面だけで囲まれた立体なら，それらの法線が直交していなくても，それを描いた絵には3方向の線のみが現れるからです。この辺りの状況をもう少し詳しく観察してみましょう。

　[図16]の(a)と(b)に示した線図形を比較してみましょう。(a)は直角立体の絵に見えますが，(b)は直角立体の絵には見えないのではないでしょうか。この直感は，正しいものです。なぜなら，(a)

[**図17**] 直角立体の頂点の見え方:
　　　　(a)直方体の絵；(b) Yタイプ；(c)矢タイプ；(d) Lタイプ

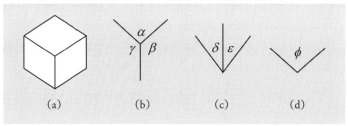

を投影図にもつ直角立体は存在しますが，(b)を投影図にもつ直角立体は存在しないからです．このことは，次のようにして理解できます．

　サイコロの角のように，そこに接続する3本の稜線がすべて凸であるとき，この頂点を凸頂点と呼ぶことにしましょう．

　[**図17**] (a)は，直方体を一般の方向から見た場合の典型的な絵ですが，そこには，凸頂点の3種類の見え方が現れます．その第一は，同図の(b)に示すように三つの面がすべて見えている場合です．このような頂点をYタイプと呼ぶことにしましょう．二つ目は，同図の(c)に示すように，二つの面が見えている場合で，これを矢タイプと呼ぶことにしましょう．三つ目は，同図の(d)に示すように一つの面だけが見える場合で，これをLタイプと呼ぶことにします．

　Yタイプの頂点では，その頂点に接続する面がすべて見えています．それらの面に対応する角を，[**図17**] (b)に示すように，α，β，γとしましょう．矢タイプの頂点では二つの面が見えていますが，

それらの見かけの角度を，同図(c)に示すようにδ，εとしましょう。Lタイプの頂点では，一つの面だけが見えていますが，その見かけの角度を，同図(d)に示すようにϕとしましょう。

90度より小さい角は鋭角と呼ばれ，90度より大きく180度より小さい角は鈍角と呼ばれます。このとき，次の性質が成り立ちます。

性質1 直角立体の投影図においては次が成り立つ。
(1) Yタイプの凸頂点の頂角α，β，γはすべて鈍角である。
(2) 矢タイプの凸頂点の頂角δ，εは，どちらも鋭角である。
(3) Lタイプの凸頂点の頂角ϕは鈍角である。

この性質が成り立つことは，頂点から出る3本の稜線が互いに直交することと，Yタイプでは三つの見かけの角度がすべて180度未満であること，矢タイプとLタイプでは面に対応しない角度が180度を超えていることを組み合わせると確認できます。詳しい証明は囲み記事として示しました。

(1) Yタイプ頂点が鋭角をもたないことの証明

　Yタイプ頂点での見かけの角度はすべて鈍角である。このことは次のように証明できる。

　xyz直交座標系の固定された3次元空間に置かれた立体をxy平面へ垂直に投影して絵が得られているとする。Yタイプ頂点から出る3本の稜線に平行な単位ベクトルを$v_i = (x_i, y_i, z_i)$, $i = 1, 2, 3$とする。一般性を失うことなく絵の中ではv_1が垂直に下を向き，v_2が右上，v_3が左上を向いているとする。したがって

$$x_1 = 0, y_1 < 0, x_2 > 0, y_2 > 0, x_3 < 0, y_3 > 0$$

である。一般に直交するベクトルの内積は0である。いま，v_1とv_2は直交するから

$$v_1 \cdot v_2 = x_1 x_2 + y_1 y_2 + z_1 z_2 = 0$$

であるが，$x_1 x_2 = 0$，$y_1 y_2 < 0$であるから，$z_1 z_2 > 0$である。v_1とv_3も直交するから

$$v_1 \cdot v_3 = x_1 x_3 + y_1 y_3 + z_1 z_3 = 0$$

であるが，$x_1 x_3 = 0$，$y_1 y_3 < 0$であるから$z_1 z_3 > 0$である。以上より，z_1, z_2, z_3は同符号である。

　今，v_2とv_3が絵の中で鋭角をなすと仮定する。このとき

$$x_2 x_3 + y_2 y_3 > 0$$

である。一方，v_2とv_3も直交するから

$$v_2 \cdot v_3 = x_2 x_3 + y_2 y_3 + z_2 z_3 = 0$$

であり，したがって$z_2 z_3 < 0$である，しかし，これはz_2とz_3が同符号であることに反する。したがって，v_2とv_3の絵の中での見かけの角度は鈍角となる。

(2) 矢タイプ頂点が鈍角をもたないことの証明

　矢タイプ頂点の面に対応する二つの角度はともに鋭角である。このことは次のように証明できる。

　3次元空間で矢タイプの頂点から出る三つの稜線に平行な単位ベクトルを$v_i = (x_i, y_i, z_i)$, $i = 1, 2, 3$とする。一般性を失うことなく絵の中でv_1は真上を向き，v_3は右下を向き，v_2はv_1とv_3がなす扇形の領域で右下へのびるとする。したがって

$$x_1 = 0, y_1 > 0, x_2 > 0, y_2 < 0, x_3 > 0, y_3 < 0$$

である。v_1とv_2は直交するから

$$v_1 \cdot v_2 = x_1 x_2 + y_1 y_2 + z_1 z_2 = 0$$

である。今，$x_1 x_2 = 0$, $y_1 y_2 < 0$であるから，$z_1 z_2 > 0$である。v_1とv_3も直交するから

$$v_1 \cdot v_3 = x_1 x_3 + y_1 y_3 + z_1 z_3 = 0$$

である。今，$x_1 x_3 = 0$, $y_1 y_3 < 0$であるから$z_1 z_3 > 0$である。以上より，z_1, z_2, z_3は同符号である。v_2とv_3も直交するから

$$v_2 \cdot v_3 = x_2 x_3 + y_2 y_3 + z_2 z_3 = 0$$

である。$x_2 x_3 > 0$, $y_2 y_3 > 0$であるから$z_2 z_3 < 0$でなければならない。しかしこれは，z_2とz_3が同符号であることに反する。したがって，v_2は右下ではなく右上にのびなければならない。すなわち，矢タイプの頂点での面のみかけの角度は二つとも鋭角である。

(3) Lタイプ頂点が鈍角であることの証明

　Lタイプ頂点の面に対応する角度は鈍角である。このことは次のように証明できる。

　3次元空間でLタイプの頂点から出る三つの稜線（一つは裏側にまわり込んで隠れているが，それも含める）に平行な単位ベクトルを$v_i = (x_i, y_i, z_i)$, $i = 1, 2, 3$とする。ただし，絵の中に描かれている二つの特徴をv_1, v_2とし，裏側に隠れて見えない稜線をv_3とする。一般性を失うことなく，絵の中ではv_1は真上を向くとする。性質1の(3)に反して，Lタイプ頂点が鋭角をなすと仮定する。そしてv_2は右上へのびているとする。v_3は絵の中では見えないが，v_1とv_2ではさまれた鋭角の方向へのびているはずである。したがって

$$x_1 = 0,\ y_1 > 0,\ x_2 > 0,\ y_2 > 0,\ x_3 > 0,\ y_3 > 0$$

である。v_1とv_2は直交するから

$$v_1 v_2 = x_1 x_2 + y_1 y_2 + z_1 z_2 = 0$$

である。今，$x_1 = 0$, $y_1 > 0$, $y_2 > 0$であるから，$z_1 z_2 < 0$である。したがってz_1とz_2は異符号である。v_1とv_3も直交するから

$$v_1 v_3 = x_1 x_3 + y_1 y_3 + z_1 z_3 = 0$$

である。$x_1 = 0$, $y_1 > 0$, $y_3 > 0$であるから，$z_1 z_3 < 0$である。したがってz_1とz_3も異符号である。v_2とv_3も直交するから

$$v_2 v_3 = x_2 x_3 + y_2 y_3 + z_2 z_3 = 0$$

である。$x_2 > 0$, $x_3 > 0$, $y_2 > 0$, $y_3 > 0$であるから，$z_2 z_3 < 0$である。したがってz_2とz_3は異符号である。しかし，z_1とz_2, z_2とz_3, z_3とz_1がすべて異符号ではあり得ないから矛盾である。したがって仮定が誤っていたことになり, Lタイプ頂点は鈍角である。

以上の考察から，次の仮説を設けることができるでしょう。

仮説2　3方向の線のみで描かれた立体の投影図で，すべての凸頂点が性質1の（1），（2），（3）を満たすものが与えられたとき，人は，直角立体の範囲で絵を解釈しようとする。

この仮説を認めれば，第4節で示しただまし絵を，立体として作れるにもかかわらず，そのような立体を思い浮かべることができなくて，不可能立体の絵であると感じてしまう現象を説明できます。実際，これらのだまし絵から立体を作るときには，面と面の交角を直角ではない別の角度で作らなければなりません。直角だけで組み立てようとしても作れません。直角立体の中だけで立体を読み取ろうとする脳にとって，これらの絵は立体として作ることができず，不可能立体の絵であるとみなしてしまうのでしょう。つまり，脳は直角が大好きなのです。

8　不可能モーション

不可能立体の絵と呼ばれるだまし絵から立体を作ることができるのは，人の脳と違って，直角以外の角度を自由に使うことができるからです。これと同じトリックを別の形で用いると，さらに新しいタイプの立体錯視を起こすことができます。それは，あり得ない動きが目の前で起こっていると感じる錯覚で，不可能モーションと名づけています。これについて紹介しましょう。

［図18］は，不可能モーションの典型的な作り方を示したものです。同図の（a）はだまし絵を立体化したもので，別の角度から見ると

[図18] 不可能立体から不可能モーションへ

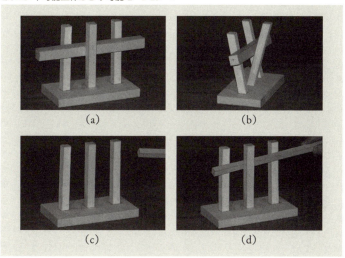

(b) のようになっています。(a) はあり得ない立体のように見えますが、(b) からわかるように、直角に見えるところに直角以外の角度を用いることによって作れます。すなわち、垂直に立っているように見える柱を、手前または奥に倒すことによって、横木をこのように通すことができます。

ここで、横木を取り除いてみます。すると、立体は (c) のように見えます。この場合は何も不思議さは感じません。素直に3本の柱が垂直に立っている状況を脳は読み取ると思います。だまし絵ではなく素直な絵を立体にしたものですから、何の疑いもなく3本の柱が垂直であると信じてしまうでしょう。そこで次に、先ほどはずした

[図19] 不可能モーション「二刀流くしざしの技その2」

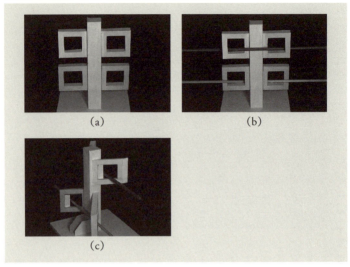

横木をゆっくり挿入していきます。すると見る人は，自分が思い浮かべた立体では起こるはずのない動きを見せられることになります。最初から疑いの目をもって見ざるを得ないだまし絵と違って，素直な絵から素直に思い浮かべた立体が裏切られることになるので，錯覚はより強烈に感じられることになります。これが，不可能モーション錯視です。

　［図19］，［図20］，［図21］に不可能モーションの例を示します。これらの図において，(a)は，素直な立体に見える位置から撮影した画像，(b)は不可能に見える動きを加えているところ，(c)はその

[図20] 不可能モーション「4本のとまり木と錯覚知恵の輪その1」

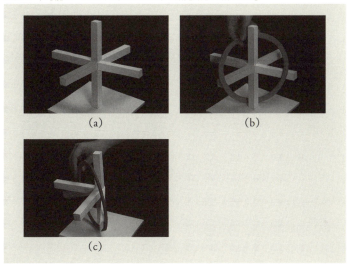

状況を別方向から撮影したところを表します。[図19]は，柱の両側に二つずつ張り出した四つの窓に2本の棒が平行に貫通しています。[図20]は，中央の柱から水平にのびた4本の止まり木に，あり得ない姿勢で輪がからまっているように見えます。[図21]では，四つの斜面のどこに置いた玉も，中央の最も高いところへ転がりながら登っていくように見えます。

　[図19](a)，[図20](a)の画像は，どちらも3方向の稜線だけが画像の中に現れ，さらに性質1の(1), (2), (3)が満たされていますから，仮説1, 2より見た人は直角立体と思い浮かべるのだと

第2章　立体知覚と錯視の数理　59

[図21] 不可能モーション「なんでも吸引4方向すべり台」

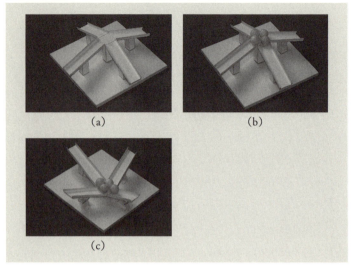

考えられます。一方，[図21]（a）の画像では，稜線の方向は3通りには限られていませんが，斜面を除いた台と柱の部分に着目すると，3方向の稜線しか現れませんから，やはり，仮説1，2より柱が台に直角に（すなわち垂直に）立っていると解釈するのだと説明できます。その結果，長い柱ほど高いところを支えていると推論して，斜面の向きを逆に感じてしまうのだと思います。

この観察結果から次の仮説も考えられます。

仮説3 画像の中に直角と解釈できる構造がある場合には，私たちの脳はその解釈を優先する。

すなわち，画像全体を直角立体とみなせるわけでなくても，部分的に直角とみなせる構造があれば，その部分を直角と解釈するというわけです。

　このように，不可能モーション錯視も，脳は直角という解釈を優先するという性質によって説明することができます。ですから，ここでも脳は直角を好むことが観察されたわけです。

9　道路の傾斜の錯視

　不可能モーションに似た錯視は，実際の生活の中でも起こります。その代表例は，車を運転しているドライバーが，自分が走っている道路が登り坂か下り坂かを，実際とは逆に感じてしまう現象でしょう。これは，縦断勾配錯視と呼ばれています[8]。

　縦断勾配錯視の生じる道路は世界中にたくさんあります。そして，そのいくつかは観光地にもなっています。日本では四国香川県の屋島ドライブウェイにある「おばけ坂」が有名です。[図22]は，韓国の済州島にある「ミステリー道路」で筆者が撮影した写真です。この写真に写っている手前の道路は前方に向かって登り坂ですが，多くの人にとって下り坂に見えます。ここも観光地になっています。もともと島の北と南をつなぐ幹線道路として作られたそうですが，作ってみたら錯覚が起こることがわかったので，急遽バイパスを作ってトラックなどはそちらを通るようにして，ここを観光スポットにしたとのことです。私たちが乗ったタクシーの運転手さんは，ここへ着くとエンジンを切り，ブレーキをゆるめて，私たちの期待とは逆方向

[図22] 韓国・済州島のミステリー道路

へ車が動き出すのを体感させてくれました。この写真に写っている他の車も、同じようにエンジンを止めて、自然に転がる向きを確かめているところでした。車の中から見て斜面を逆向きに感じるだけでなく、車を降りて実際にこの道路に自分の足で立っても、やはり斜面の向きは逆に感じられました。自分自身の重力方向に関する感度がかなりいいかげんなことも痛感させられた次第です。

　登り坂を下り坂に間違えると、アクセルを踏むタイミングが遅れて、車のスピードが落ちます。これは、自然渋滞の原因となっていることもわかってきています[7]。逆に下り坂なのに登り坂だと思ってしまうと、ブレーキを踏むのが遅れたり、不必要にアクセルを踏んだりしがちですから、スピードが出すぎて、事故の原因にもなるでしょう。

　ところで、この縦断勾配錯視の場合は、道路を支える柱はありません。あるいは、あってもドライバーからは見えません。それなのに錯視が生じます。これは、直角を優先するという仮説だけでは説明できません。もっと別な、あるいは直角優先を含むもっと一般的な原則が働いているからでしょう。それを次に考えていきたいと思います。

　縦断勾配錯視が生じるという事実から、柱に支えられていない

[**図23**] 柱に支えられないなんでも吸引4方向すべり台

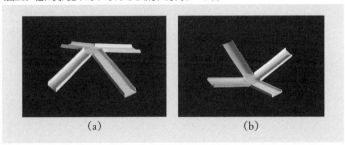

(a)   (b)

斜面でも，向きを逆に知覚してしまう場合があることがわかりました。このことを認識すると，斜面の向きを逆に感じる立体をほかにも作ることができます。

［図23］に示したのは，［図21］に示した「なんでも吸引4方向すべり台」から台と柱を除いたものです。この図の(a)は，［図21］(a)と同じ方向から撮影したもので，(b)は，同じ立体を反対側から見下ろす角度で撮影したものです。実際の立体の構造は，全体がほぼ平らで，中央がまわりよりわずかに低くなっています。しかし，［図23］(a)では，中央が高く盛り上がっていると知覚され，同図(b)では，中央がかなり深くくぼんでいると知覚されるでしょう。すなわち，どちらの方向から眺めても錯視が起こります。この観察から，「なんでも吸引4方向すべり台」にとって柱はなくてはならないものではなかったということがわかります。斜面が柱で支えられ，その見かけの長さが違うことが斜面の向きを解釈するための一つの手がかりにはなっていたと思います。でも，それだけが唯一の手がかりというわ

［図24］不可能モーション「落ちないかまぼこ屋根」

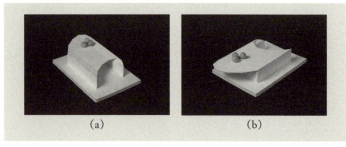

けではありませんでした。

では、［図23］（a）ではなぜ中央が高いと知覚されるのでしょうか。その答は、やはり直角優先だと思います。この立体では4本の通路が中央でつながっています。私たちの脳は、この構造を真上から見下ろしたとき、隣り同士の通路が互いに直角に接続していると思うのではないでしょうか。そして直角に交わる通路がこの図のように見えるからには、中央が盛り上がっているはずだと解釈するのでしょう。ですからやはり、直角を優先するという性質から、この錯視も説明できます。

（b）の構造も、同じように真上から見下ろしたら通路が直角に接続していると考え、それがこのように見えるのは中央がくぼんでいるからだと解釈するのでしょう。

このように、［図23］（a），（b）の錯視は、通路が直角に接続しているという解釈を脳が採用しているからだという仮説によって説明できます。

［図24］に，柱に支えられていない斜面の構造の例をもう一つ示しました。(a)の方向から見るとかまぼこ屋根に見えますが，そこに玉を置くと屋根の最も高いところへ登っていくように知覚されます。実際は，同図の(b)に示すように(a)で屋根に見えた構造はくぼんだ形をしており，その谷底に玉が集まっているだけです。

この錯視も直角優先仮説から説明できます。［図24］(a)を見ると，屋根が，幅一定の板を並べて作られた柱体だと感じるのでしょう。そして，その屋根の切り口が，柱体の軸方向に対して垂直であると解釈するのだと思います。その結果，このような切り口をもつ構造はかまぼこ屋根であると推論するのでしょう。

10　対称性を好む脳

本章では，不可能立体，不可能モーションの多くの例を見てきました。これらのほとんどは，脳が直角を優先するという性質から説明できます。唯一の例外は，実際の道路で起こる縦断勾配錯視です。これには，特に直角という構造は見当たりませんから，仮説2, 3は適用できません。では，この錯視は，脳のどのような働きによって起こるのでしょうか。次にこれについて考えてみましょう。

縦断勾配錯視の起こる道路を観察すると，この錯視が起こるためには少なくとも，次の二つの条件が成り立たなければならないように思われます。

縦断勾配錯視の条件1　視野の中には，水平方向を示す手がか

[図25] 縦断勾配錯視の生じるパターン

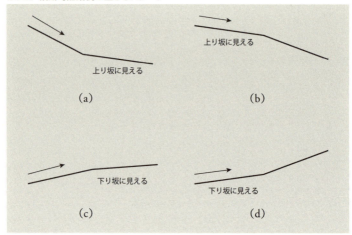

りが乏しい。

縦断勾配錯視の条件2　同じ向きの2種類の勾配の道路がつながっている。

[図22]に示したミステリー道路では，手前の道路に続いてその奥にもう一つ別の傾斜をもつ道路が続いています。実際に，手前がゆるい登り坂で，その向こうはより急な登り坂となっています。屋島ドライブウェイのおばけ坂でも同じように同じ向きに登る2種類の勾配の道路がつながっています。

これらのことから，縦断勾配錯視は，[図25]に示すようなパター

ンで起こっていると考えられます。この図の斜めの線は道路の傾斜を表し、矢印は車の進行方向を表します。(a)と(b)は下り坂が続いていますが、どちらもゆるい勾配の部分が登り坂に見えます。(c)と(d)は登り坂が続いていますが、ゆるい傾斜の部分が下り坂に見えます。[図22]のミステリー道路は、[図25](d)のパターンに相当します。

以上の考察の結果も仮説としてまとめておきましょう。

仮説4 同じ方向に下る2種類の勾配の道路が続いていると、それを見た脳は、一方が下りでもう一方が登りであるという解釈を優先する。

この仮説は、縦断勾配錯視に特化したもので、あまり一般性はないように思われます。仮説2, 3, 4を含むもっと一般性の高い仮説は立てられないものでしょうか。このような問いを課すと、一つのキーワードが浮かんできます。それは対称性です。2種類の勾配の道路が続くとき、それが同じ向きであっても、一方を登り、もう一方を下りと解釈しがちなのは、これら二つの道路が垂直な面に対して互いに面対称であるという解釈をしているとみなしてみましょう。すると、この錯視は、見たものをより対称性の高い構造として解釈しようとした結果であると説明できるでしょう。

仮説2で優先した直角立体も、平行六面体より対称性が高い直方体を好むことだとみなせます。仮説3で優先した直角構造も同じです。[図23]に示した柱のないなんでも吸引四方向すべり台の錯視も、垂直な軸のまわりの90度回転に関して対称な構造を優先した結果だとみなせます。

このように考えると、次の仮説に到達します。

仮説5 人は画像から立体構造を読み取るとき，対称性のより高い構造を優先する。

以上の考察によって，本章で紹介したすべての不可能立体・不可能モーション錯視および縦断勾配錯視が，仮説5によって説明できることがわかりました。

11　おわりに

一枚の画像から奥行き構造を知覚する際の脳の働きを，画像理解のための数理的アプローチと立体錯視を手がかりに考えてきました。一枚の画像には，奥行きに関する情報は含まれていません。足りない情報を脳で補うことによって，私たちは立体を読み取っています。ここでどのように情報を補うのかを，できるだけ一般性の高い原則から説明したいという目的で考察してきた結果，対称性の高い構造を優先するという仮説5へたどり着くことができました。この仮説がどれほど広い範囲で有効なのか，また視覚心理学の分野で群化の法則，ゲシュタルト法則などとよばれるまとまりを見ようとする視覚の性質[7, 9]とどのように関係するのかを検討していくことは，今後の課題です。

参考文献

[1]──杉原厚吉,『立体イリュージョンの数理』, 共立出版, 東京, 2006.
[2]──杉原厚吉,『だまし絵と線形代数』, 共立出版, 東京, 2012.
[3]──安野光雅,『ABCの本―へそまがりのアルファベット』, 福音館書店, 東京, 1974.
[4]──B. エルンスト(坂根厳夫 訳),『エッシャーの宇宙』, 朝日新聞社, 東京, 1983.
[5]──杉原厚吉,『だまし絵の描き方入門』, 誠文堂新光社, 東京, 2008.
[6]──北岡明佳,『錯視入門』, 朝倉書店, 東京, 2010.
[7]──D. A. Forsyth and J. Ponce（大北剛訳),『コンピュータとビジョン』, 共立出版, 東京, 2007.
[8]──後藤倬男, 田中平八,『錯視の科学ハンドブック』, 東京大学出版会, 東京, 2005.
[9]──大山正,『視覚心理学への招待』, サイエンス社, 東京, 2000.

第3章
先史文化の数理
——ネアンデルタールからヒトへ

青木健一

● ──── 序

　今日，ヒトつまりホモ・サピエンスは，地球上のあらゆる環境に生息し，そう遠くない将来，宇宙植民も夢でないと言われています。ところが，約20万年前には，アフリカの一地域（所在について諸説あり）に分布が限られた，一生物種に過ぎませんでした。

　20万年前のアフリカとユーラシアには，原人の末裔および旧人が居住していました。原人とは，北京原人やジャワ原人という呼称で親しまれてきた人類の総称です（本稿では，人類学の慣例にしたがって，「ヒト」と「人類」を区別します。人類は，ヒトより広い意味に用いられ，猿人，原人，および旧人をも含みます）。原人は，元はと言えばアフリカで誕生しましたが，約170万年前に人類として初めてユーラシアへ旅立っていきました。原人の前に猿人がいましたが，猿人はアフリカから外へ出ていけなかったようです。一方，旧人はアフリカに居残った原人から進化し，その一部はやはりユーラシアに進出していきました。人類700万年の歴史は，アフリカにおける新種の誕生と，その一部による「出アフリカ」の繰り返しであったと言えましょう。ちなみに，過去の人類の存在を示す証拠は，化石人骨と考古遺物です。

　ユーラシアに進出した旧人の代表格が，本稿の一方の主役であるネアンデルタールです。ネアンデルタールは，筋骨隆々とした体形の持ち主であり，脳容量が現代人より大きかったことが知られています。また，肌の色は白かった可能性が高いようです。その分布域は，西はイギリス南部から東はシベリア西部まで，また南はレヴァント（東部地中海沿岸）に及んでいました。ネアンデルタールとヒトは，30〜40万年前に共通祖先を有します。ユーラシアに進出した旧人の一部が寒冷適応などを遂げてネアンデルタールになり，ア

フリカに居残った旧人の一部から約20万年前にヒトが誕生したのです。ヒトは別名，新人とも言います。しかし，これはネアンデルタールがヒトの祖先であるという意味ではありません。

さて，原人と旧人がかつてそうしたように，ヒトはアフリカ内の起源の地から，（アフリカ全土および）ユーラシアへと分布拡大し，その結果，ユーラシアに先住していたネアンデルタールが消え去ることになりました。これがつまり，ネアンデアルタールとヒトの交替劇です。出アフリカしたヒトがネアンデルタールと出会ったことは，現代人の遺伝子の1～4％がネアンデルタール由来であることから推察されます。ヒトとネアンデルタールは，混血したのです。ヒトとネアンデルタールは別種扱いですが，両者の雑種にも生殖能力があったことになります。また，考古遺物がヒトとネアンデルタールの間に文化交流があったことを示唆しています。出会いは，遅くても約7万年前のレヴァントを皮切りに，最後のネアンデルタールがスペインで息を引き取る約3万年前（?）まで，恐らく何回もあったでしょう。原人の末裔や旧人の中には，もっと後まで存続していた可能性のある人類もいますが，やはり消え去りました。ヒトは，絶滅した先住民と交替し，さらには前人未到のオセアニアや新大陸へも分布を拡大していったのです。

ネアンデルタールも当時のヒトも，ともに狩猟採集民でした。つまり，狩りによって動物の肉を手に入れ，さらに果実，堅果，地下茎などを自ら集めて食するという，自給自足の生活を行っていました。したがって，ヒトとネアンデルタールは，同じ資源を巡る生態学的競争関係にあった可能性が高いのです。この競争においてヒトが多少有利であったであろう理由として，狩猟採集の効率が高

かったこと、さらに餌のレパートリーがやや広かったことが考えられます。そして、狩猟採集に特化した身体形質（例えば、肉食獣の牙、鳥の嘴）を持たなかったヒトとネアンデルタールの場合、狩猟採集行動の違いは文化水準の違いに起因していたと考えるのが最も妥当でしょう。

●──旧石器文化

　先史時代の文化は、考古遺物によって知ることができます。一番保存されやすい考古遺物が、石器およびその製作過程で生じる石の残骸です。完成品の石器とその製作技法が優れているほど、文化水準が高いと言えます。ヒトとネアンデルタールが作った石器の中には、例えば木製の槍の先端に装着したと思われる尖頭器があります。尖頭器なしの槍より殺傷力があり、狩猟効率を高めたでしょう。

　人類の起源は、（チンパンジーに至る系統と分岐した）約700万年前に遡ります。しかし、石器の出現は、約260万年前まで待たなければなりません。オルドワン石器と呼ばれる最古の石器は、河原石などの一端を打ち欠いただけの単純なものでしたが、獲物の皮を剥いだり、骨を割ったりするのに役立ったと思われます。連綿と続くオルドワン伝統にやっと革新が見られたのは、約170万年前にアシューリアン・ハンド・アックスが出現したときです。ハンド・アックスつまり手斧とは、涙の形をした両面加工石器で、中には対称性の極めて高い製品もあります。残念ながら、ハンド・アックスの用途は不明です。

　石器製作における次の画期は、約30万年前のルヴァロワ技法の

誕生をもって訪れます。ルヴァロワ技法では，石塊から破片を打ちはがし，亀の甲の形状をした石核となるように調整します。そして，最後の一撃でこの亀の甲の「腹」に当たる部分から，鋭利な刃をもつ剝片をはがします。ルヴァロワ技法を強調する理由は，これがネアンデルタールの標準的な石器製作方式であったからです。また，ネアンデルタールのみならず，約8万年前までの初期のヒトにとってもそうであったのです。つまり，ヒトは誕生してから10万年以上，ネアンデルタールと基本的に同じ石器を，同じ製作技法で，得ていたことになります。

　石器の変遷に関するこのはなはだ単純化した記述からわかるように，石器から判断するならば，人類の初期の文化は極めて緩やかに変化したのです。つまり，後ほど定義する「文化進化速度」が，長期にわたってほぼ0に等しかったことになります。変化のテンポが速まるのは，約8万年前の南アフリカにおいてでした。ヒトが遺したスティルベイ伝統およびハウィソンズ・プールト伝統の遺跡からは，新規性のある石器や，尖頭器と思われる骨器が出土します。さらに，象徴行動の証拠とされる線刻模様（自然界の何かを恣意的な記号で表現？）が施されたオーカー片などが発見されており，スティルベイ伝統の遺跡に限って言うならば，装飾品として用いられたであろう貝殻製ビーズも発見されています。

　スティルベイ伝統やハウィソンズ・プールト伝統では，様々な革新的な要素が同時に出現しています。このような現象を，「創造の爆発」と呼ぶことがあります。ただし，創造の爆発がしばらく続いた後，文化が逆行・退化することもあったようです。旧石器時代（260万年前から農耕開始まで）で最も顕著な創造の爆発は，約4万年前のヨー

ロッパで始まりました。その担い手はレヴァント経由でアフリカから進出したヒトであり，ネアンデルタールはすでに辺縁に追いやられていました。約4万年前から約1万年前の間にヨーロッパで起きた文化変化は，「後期旧石器革命」とも呼ばれ，アルタミラやラスコーの有名な壁画もこの時期のものです。

　では，ネアンデルタールは創造の爆発に関与しなかったのでしょうか？　これは，今日の人類学・先史考古学における最大の争点といっても，過言ではありません。実は，約4万5千年前から約4万年前(最新の年代推定によると，もっと古い可能性があります)のヨーロッパには，いくつかの「移行期文化」が出現します。移行期文化の遺跡からは，後期旧石器革命の先駆け的な考古遺物が出土します。議論は，シャテルペロニアン文化(フランス南西部，スペイン北部)とウルッツィアン文化(イタリア半島)に集中しているようです。要は，これらの移行期文化の担い手が，ネアンデルタールであるか，ヒトであるかがはっきりわからないのです。

　これについて，三つの解釈があります。シャテルペロニアン文化とウルッツィアン文化は，

　(1)ネアンデルタールが独自に考案した文化である
　(2)ネアンデルタールが遺した文化であるが，ヒトを模倣している
　(3)ヒトが遺した文化である

の三つです。解釈1が正しければ，シャテルペロニアン文化とウルッツィアン文化は，ネアンデルタール固有の文化と言えます。しかし，解釈2の立場をとれば，ネアンデルタールはヒトの模倣こそできたが，イノベーションを自ら創出する能力が備わっていなかったことになります。ちなみに，解釈2と3は，約4万5千年前までにヒトがヨーロッ

パの奥深くへ進出していたことを前提とします。しかし，化石人骨は残りにくく，考古遺物との共伴関係が不確実であることが，その判断を難しくしています。

● ─── 文化の定量化

　先史考古学の事例研究で，文化の変化はどのように定量化されているのでしょうか？　一つには，同時期の複数の社会で多数の文化要素（文化的に決定される要素）の有無を集計し，社会を二つずつ比較したときの不一致度を，その距離とする方法があります。この際，それぞれの社会について，文化要素を0と1を成分とするベクトルで表す（ない場合は0，ある場合は1）のが普通です。さらに，これらの社会の分岐年代がわかれば，変化の速度を推定することが可能です。例えば，ポリネシアの島々のカヌーの機能的文化要素と象徴的（装飾的）文化要素を比較した最近の研究がありますが，後者の象徴的文化要素の方が速く変化していたと結論づけています（0-1ベクトルを用いた文化進化の事例研究は，先史考古学以外でも行われています。特に興味深いのが，音声言語の最小単位である「音素」の獲得と消失に関する言語学研究です。この場合，例えば英語にみられる音素 th は日本語にないので，ベクトルの成分が英語では1，日本語では0と表記されることになります）。

　また，上記のような離散的な文化要素とは別に，石器の寸法（長さ，幅，厚みなど，連続的に変異する文化要素）を遺跡間で比較する方法もあります。さらに，「石器製作伝統」の存続期間を指標とする半定量的な試みもあります。石器製作伝統の交替が激しいほど，文化が速く変化していることになります。

●━━━文化進化速度

　さて、文化の現象数理学の一つの目標は、文化が変化する速度、つまり文化進化速度を理論的に定義し、文化進化速度を決定する諸要因の効果を予測することです。文化進化速度に注目する理由は、これが高いほど、高い文化水準に早めに到達できると考えられるからです。文化進化には二つの側面があります。一つが、その材料となるイノベーションの創出です。もう一つが、後述の「社会学習」によるイノベーションの普及または消失です。筆者らは、この二つの側面を切り離して考えることにより、汎用性の高い数理モデルを提案しました。次にこれを紹介し、その歴史的背景について少し述べます。

　この数理モデルは、人口Nの集団があり、その構成員が単位時間（例えば世代）当たり一人当たり、u個のイノベーションを創出するものとします。イノベーションには、（1）既存の文化要素を少し改変したもの、（2）既存の文化要素の喪失を伴うもの、および（3）その時点で存在しない新規の文化要素の誕生を意味するもの、が考えられます。前述の0-1ベクトルでいうならば、（2）は1から0が生じること、（3）はベクトルの長さが伸びることに、それぞれ対応しています。一方、（1）は0-1ベクトルの概念を少し拡張することにより、例えば成分が1から2に変化するというように表現することができます。重要な仮定がいくつかありますが、その中の二つをここに挙げます。

　【仮定1】単位時間あたり集団に現れるイノベーションの総数は$N \times u$ですが、これらは全て、発生時には一人の構成員のみによって担われる、ユニークなものと考えます。とりわけ、別々の既存の文化要素が変化したものであるか、あるいは新規の文化要素であ

るならば互いに重複しないものとします。

　【仮定2】既存の文化要素について，従来型と変異型（喪失を伴うものを含む）が共存している間，イノベーションがさらにもう一つ生じることがないとします。また，新規の文化要素についても，この文化要素を有する構成員と有しない構成員が共存している間，イノベーションがさらにもう一つ生じることがないとします。同一の文化要素の異なるタイプ（従来型と変異型，ありなし）をヴァリアントと呼ぶことにします。仮定2を換言すると，共存しうるヴァリアントの数はたかだか二つということです。

　ところで，イノベーションだけでは文化は変化しません。それが伝播し，構成員によって共有されるに至って，初めて文化進化が起きたと言えます。イノベーションの伝播には，社会学習による構成員間の情報伝達が必要となります。社会学習とは，模倣や教示などによって，他者から学習することを意味します。例えば，ナイーヴな「新生児」が，文化要素の従来型ではなく変異型を有する（年長の）構成員を模倣すれば，イノベーションを有する構成員が1人増えたことになります。本稿を通して，新生児とは赤ん坊に限らず，当該文化要素にまだ触れていない構成員を指します。

　ただし，集団中でイノベーションを有する構成員の頻度（＝割合，進化理論では頻度が基本変数です）が，社会学習によって増加するとは限りません。社会学習は，誰からどのようにして学習するかによって，様々な伝達様式が区別されます。中には，イノベーションの伝播を後押しする伝達様式（例えば，「直接バイアス」）がありますし，反対にこれを阻害する伝達様式（例えば，「同調伝達」）もあります。また，人口は（仮定の上でも，実際にも）有限なので，イノベーションの

頻度は，確率的にも増減します。

社会学習の様々な伝達様式がイノベーションの伝播に及ぼす効果は，その固定確率に集約できます。固定とは，集団中の頻度が1であること，つまり構成員によって共有されている状態を指します。仮定により，すべてのイノベーションは最初，一人の構成員によって担われているので，集団中のその頻度はN分の1になります。したがって，求めるべき固定確率は，初期頻度がN分の1の場合のもので，これをπ_1と表記します。

これで，文化進化速度を理論的に定義するための準備が整いました。上記数理モデルの意味するところは，単位時間当たり$N \times u$個の相異なるイノベーションが創出され，その中の割合π_1がいずれ固定するというものです。つまり，長期的にみれば，単位時間当たり$R = N \times u \times \pi_1$個のイノベーションが固定する（頻度が1に到達する）ことになり，これを文化進化速度の理論式とします。この理論的な定義が，前述の0-1ベクトルを用いた文化進化の事例研究と整合性のあることが，納得できますでしょうか？

ただし，【仮定3】相異なるイノベーションの間に相互作用がなく，それぞれの頻度が独立に増減するものとします。$N \times u$が（極めて）小さければ，同時に複数のイノベーションが集団中に存在することがないので，この仮定は自動的に成り立ちます。いずれにせよ，エージェント・ベース・シミュレーションなどによって，今後確認する必要があります。

●───文化進化理論の歴史的背景

文化進化速度のこの理論式は，集団遺伝学でよく知られている

分子進化速度の理論式を転用したものです。集団遺伝学は，生物進化を数理的に扱う学問分野として20世紀初頭に誕生しましたが，遺伝子の分子構造が同世紀後半に解明されるに至って，目覚ましい発展を遂げました。とりわけ，木村資生は集団遺伝学の理論を駆使して，遺伝子の分子レベルの進化すなわち分子進化の研究に大きく貢献しました。筆者らが借用した分子進化速度の理論式を提案したのも，木村資生です。

文化進化の数理的研究は，ルーカ・カヴァーリ＝スフォルツァとマーカス・フェルドマンによって，1970年代中頃に始められました。文化進化の数理モデルは，文化と遺伝学的・疫学的現象の間のアナロジーを利用して，立てられています。最も重要なアナロジーが，共に情報の単位である，文化要素と遺伝子との間の対応関係です。さらに，文化要素のヴァリアントは対立遺伝子（塩基配列の違いによって区別される，同一の遺伝子の異なるタイプ）と，子が親から社会学習すること（「垂直伝達」）は繁殖に伴う遺伝情報の伝達と，イノベーションは突然変異と，それぞれ対応させることができます。また，親以外の構成員から社会学習することも可能であることから，流行病との類似点も利用されてきました。

● ───── **文化的モランモデル**

上で定義した文化進化速度の理論式 $R = N \times u \times \pi_1$ から具体的な予測を得るためには，固定確率 π_1 を求めなければなりません。筆者らは，集団遺伝学でよく知られている「モランモデル」を転用・修正し，これを文化的モランモデルと命名しました。文化的モランモデルでは，各タイムステップが3つのイベントから構成されます。

まず，新生児が一人誕生します。次に，この新生児が，何らかの基準で選んだ年長の構成員から社会学習をし，その構成員つまり「模範者」が有する文化要素のヴァリアントを習得します。最後に，この新生児以外の構成員が1人死亡します。どういう基準で模範者が選ばれるかによって，社会学習の伝達様式が決まります。

本稿では，話を簡単にするため，有するヴァリアントによって死亡率の差がないものとします。このとき，新生児の寿命は幾何分布に従うので，平均寿命はNタイムステップです。よって，Nタイムステップは，1世代に相当すると見なせます。

集団遺伝学のモランモデルは，確率論でいう出生死亡連鎖のかたちを取っています。文化的モランモデルも，伝達様式が単純なものについては出生死亡連鎖として記述できるので，固定確率の計算が容易にできます。「ランダム斜行伝達」と呼ばれる最も単純な伝達様式の場合，新生児は年長者一人を無作為に選んで，(すべての文化要素について)これを模範者とします。このとき，(それぞれの)イノベーションの固定確率 π_1 はN分の1に等しいため，文化進化速度が$R=u$となります。つまり，文化進化速度はイノベーション率によって完全に決定されます。以下では，ランダム斜行伝達の場合を基準として，伝達様式，イノベーション率や人口(集団サイズ)が，文化進化速度に及ぼす効果を検討します。

● 直接バイアスと間接バイアス

直接バイアスは，構成員に共通の(生得的な)好みが備わっていることを前提とします。直接バイアスに従う新生児は，この好みのヴァリアントを有する者を探し出し，これを模範者とします。例えば，

ある文化要素に優れたヴァリアントと相対的に劣るヴァリアントがあるならば、前者を好むのは当然かもしれません。しかし、このような好みは、優劣の判断ができなければ無意味と言えましょう。

ここでは、既存の文化要素ならば従来型より変異型、新規の文化要素ならばないよりある方が好まれるという、「新しいもの好き」的な性向を仮定します。具体的には、人口Nの集団から無作為に選んだK人（知己範囲と呼ぶことにします）の中に、（それぞれの文化要素について）好みのヴァリアントを有する者が一人でもいれば、これを模範者とします。しかし、一人もいなければ、仕方なく好みでないヴァリアントを習得するとします。筆者らは、これを「ベスト・オブ・K・モデル」と命名しました。直接バイアスが働いている場合、好みのヴァリアントを習得する確率（超幾何分布によって与えられます）が、ランダム斜行伝達の場合より高くなります。固定確率π_1は、複雑ではあるが解析的な式として求まり、よって文化進化速度Rも明記できます。詳細は、［図1］の説明文を参照してください。

［図1］では、人口Nが文化進化速度Rに及ぼす効果が、知己範囲Kが一人、二人、または三人の場合について示されています。知己範囲Kが一人ならば、ランダム斜行伝達と条件が一緒なので、文化進化速度が一様に$R=u$となります。ところが、知己範囲Kが複数人ならば、文化進化速度Rが人口Nの単調増加（右肩上がりの）関数となることが、この図から読み取れます（Kが2以上N未満の場合、π_1はNについて単調減少ですが、N分の1より緩やかに減少します。KがNならば、π_1は1に等しくなります。したがって、いずれの場合も、RはNについて単調増加なのです）。しかも、近似的に切片が0の直線であり、Kが大きいほど、その傾きが大きいのです。

[**図1**] ベスト・オブ・K・モデル

直接バイアスの一種である「新しいもの好き」を表現したモデルです。3本の線は，人口Nが文化進化速度Rに及ぼす効果を，知己範囲Kが1人（実線），2人（破線），または3人（点線）の場合について図示したものです。それぞれ，N値に対応するR値を下記の理論式を用いて12組求め，繋げて描いてあります。イノベーション率uは1%です。理論式ですが，まず

$$\rho_0 = 1 \text{ および } \rho_i = \prod_{j=1}^{i} \frac{j}{N-j} \frac{\binom{N-j}{K}}{\binom{N}{K} - \binom{N-j}{K}}$$

と置いたとき，固定確率は

$$\pi_1 = \rho_0 \Big/ \sum_{i=0}^{N-1} \rho_i$$

と書けます。ここで，$\binom{N-j}{K}$は$N-j$人からK人を無作為に選ぶ組合せの数で，$K>N-j$ならば0とみなします。本モデルの文化進化速度は，このπ_1値を$R=Nu\pi_1$なる式に代入することによって求まります。

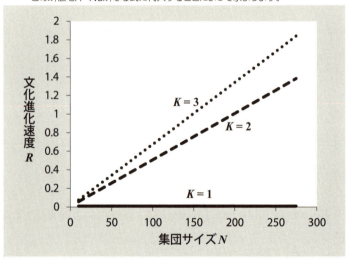

一方，イノベーション率uについても，文化進化速度は切片が0の直線（$R=N×u×π_1$）になっていますので，人口Nとイノベーション率uは，文化進化速度に対する効果が同等あると予測されます。例えば，人口Nが2倍に増えた場合でも，イノベーション率uが2倍に増えた場合でも，文化進化速度は同じく元の2倍に跳ね上がります。

　ヒトには，文化進化の方向を左右しうる，様々な直接バイアスが備わっているに違いありません。卑近な例を取ると，甘い食べ物や脂っこい食べ物が好まれるため，ショートケーキやビフテキが日本の食生活に定着したのです。不味いショートケーキと美味しいショートケーキの違いは，食べ比べてみればすぐにわかるでしょう。しかし，石器製作や狩猟など複雑な営みについては，優れた技術や方法が好まれたとしても，その見極めが難しいはずです。後者のように優劣の判断が難しい文化要素の場合にも，直接バイアスが有効に働くという主張に対して，筆者は懐疑的です。

　一方，現代人を対象とした心理学実験と文化人類学調査は，「間接バイアス」と呼ばれる伝達様式の存在を示唆しています。間接バイアスでは，人生に成功を収めた者（「成功バイアス」）や名声を得た者（「名声バイアス」）が模倣されます。成功した者や名声のある者が有する文化要素のヴァリアントを，一緒くたに習得してしまいます。このとき，間接バイアスに従う新生児が，好みのヴァリアントを習得できるとは限りません。しかし，もし好みのヴァリアントが成功や名声の獲得に寄与するならば，ランダム斜行伝達よりはこの好みのヴァリアントが習得できる確率が高くなります。優れたヴァリアントを習得する，安直な手段と言えましょう。間接バイアスが働いているとき，

直接バイアスほどの効果はないにせよ、人口が増えると文化進化速度が高くなることが予測されます。

●───同調伝達

次に、同調伝達について簡単に述べましょう。同調伝達とは、知己範囲の中で過半数を占めるヴァリアントが好まれるような伝達様式です。イノベーションは、発生当初の頻度が低いので（数理モデルの仮定では、初期頻度がN分の1）、なかなか伝播しないことが計算なしでも頷けます。実際、オルドワン伝統やアシューリアン・ハンド・アックスの長期不変性は、製作者である原人が同調伝達による社会学習をしていたところに原因がある、と考える先史考古学者がいます。しかし、これは推測に過ぎません。

●───一対多伝達

一方、次に詳述する「一対多伝達」については、旧石器時代にそれが行われていた可能性が、先史考古学の記録から示唆されます。一対多伝達とは、例えば石器製作などに技量差が存在し、一人の「熟練者」が複数の「初心者」の模範者となることを意味します。ヒトの遺跡に限って、一人の熟練者と複数の初心者のものと見られる石器製作の残骸が狭い範囲から発見され、石器接合資料（一つの原石に由来する複数の剥離物の接合関係）と合わせて、一対多伝達の証拠とされています。ネアンデルタールの遺跡からは、このような事例が今のところ発見されていません。

本稿で一対多伝達を取り上げる理由は、一対多伝達が（ランダム斜行伝達に比べて）文化進化を大幅に加速させるとする、先史考古

学者の直感的な主張があるからです。先史考古学者の直感を信じるならば，ヒトとネアンデルタールの文化進化速度の違いは，部分的にせよ，一対多伝達の有無によって説明できます。

　筆者らは，この主張を厳密に検証するため，複数の「社会的役割」の存在を仮定した，一対多伝達の文化的モランモデルを提案しました。社会的役割とは，性別や年齢階梯によるものが最も一般的ですが，ここでは熟練者と非熟練者の区別を指します。この数理モデルでは，熟練者のみが模範者になりえます。簡単のため，人口Nの集団中に熟練者が一人だけおり，残り$N-1$人は非熟練者であるとします。タイムステップごとに，まず新生児が一人誕生しますが，これがつまり初心者です。新生児は，熟練者が有するヴァリアントを習得し，非熟練者の仲間入りをします。そして，新生児以外の構成員一人が死亡します。

　熟練者は，存命中は次から次へと（多くの）新生児の模範者になり——そういう意味での一対多伝達ですが——いずれ死亡します。熟練者が死亡したとき，非熟練者の中の一人（新生児を含む）が，熟練者に昇格します。この際，文化要素のどちらのヴァリアントを有していても，等しく昇格する可能性があるとします。換言すると，どちらのヴァリアントを有していても，同程度の技量差が生じうると考えます。

　また，一対多伝達モデルでは，熟練者によって創出されたイノベーションと，非熟練者によって創出されたイノベーションを，区別する必要があります。なぜならば，熟練者によって創出されたイノベーションは，多くの新生児（初心者）によって習得される可能性があるので，固定確率が高くなります。一方，非熟練者によって創出

されたイノベーションは、その非熟練者が熟練者に昇格しない限り伝播しえないので、固定確率が低くなるからです。さらに、イノベーション率が熟練者と非熟練者で異なる場合もありうるので、それぞれu_Eとu_{NE}、と表記することにします。技量差をイノベーション能力の違いとみなすこともできるからです。

［図2］は、一対多伝達モデルの状態空間および可能な遷移を表しています。タイプAはイノベーションを、タイプBは従来のヴァリアントを指します。詳細は、この図の説明文を読んでください。上記二つの固定確率およびこれらの加重平均として定義される文化進化速度も、そこに示しました。この文化進化速度の理論式から二つの重要な結果が得られます。

第1に、イノベーション率が熟練者と非熟練者で一緒（$u_E=u_{NE}=u$）ならば、文化進化速度はランダム斜行伝達の場合の$R=u$に一致します。つまり、先史考古学者の直感に反し、一対多伝達それ自体には文化進化を加速させる効果がありません。第2に、イノベーション率が非熟練者よりも熟練者で高ければ（$u_E>u_{NE}$ならば）、文化進化速度は人口Nの増加に伴って僅かながら減少します。

●——— 伝達様式、イノベーション率、人口の効果

本稿では、文化進化速度を決定する諸要因、とりわけ伝達様式、イノベーション率、および人口に焦点をあて、それぞれの効果を理論的に検討してきました。

生物種にどのような伝達様式（ランダム斜行、直接バイアス、間接バイアス、同調、一対多など）が備わっているかは、文化の現象数理学のもう一つの大きな研究課題である、学習戦略進化に関わる問題で

[図2] 一対多伝達モデル

文化要素の従来型をタイプB, イノベーションをタイプAとします。集団の組成（これを状態と呼びます）は, タイプAを有する構成員の数（0からNの間の整数），および熟練者が有するタイプ（AかB）によって定義されます。例えば, 図中の状態2Aは, タイプAを有する構成員が2人, 熟練者がタイプAであることを意味します。矢印は, 状態間の可能な遷移を表しています。本モデルでは, 2通りの初期状態を考慮しなければなりません。つまり, 熟練者がイノベーションを起こした場合の状態1A, および非熟練者がイノベーションを起こした場合の状態1Bです。固定確率は, 前者の場合が $\pi_{1A} = \frac{N+1}{2N}$, 後者の場合が $\pi_{1B} = \frac{1}{2N}$ となります。熟練者と非熟練者のイノベーション率をそれぞれu_Eおよびu_{NE}とし, 熟練者が1人で非熟練者がN−1人いることを勘案すると, 本モデルの文化進化速度は次のように書けます：

$$R = u_E \pi_{1A} + (N-1) u_{NE} \pi_{1B} = \frac{(N+1)u_E + (N-1)u_{NE}}{2N}。$$

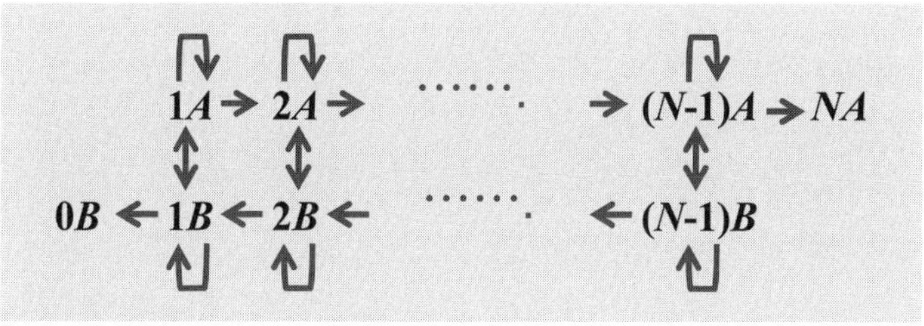

```
 1A → 2A →  ……  → (N-1)A → NA
  ↕    ↕              ↕
 0B ← 1B ← 2B ←  ……  ← (N-1)B
```

す。学習戦略は,「個体学習」と社会学習の組み合わせ方, およびそれぞれへの依存度などによって定義されます。伝達様式も, 学習戦略の重要な要素です。ここで, 社会学習が模倣や教示によって他者から学習することであるのに対し, 個体学習とは試行錯誤や洞察によって自力で学習することを意味します。自然界に存在する様々な学習戦略は, 進化の産物であり, それぞれの生物種の適応に寄与していると考えられています。しかし, 伝達様式の適応的

意義については，明確な理論的知見がほとんど得られていないのが現状です。

欧米の研究者は，人口の効果を強調します。つまり，人口が多いほど，文化進化速度が高く(あるいは，文化の退化が起こりにくく)，より高い文化水準に到達できると主張します。実際，移行期文化を挟んで，その前のネアンデルタールとその後のヒトでは，人口が10倍違う(ヒトの人口密度の方が高い)と推定されています。後期旧石器革命は，この人口増加が引き金となって起きたのでしょうか？　しかし，理論的には，人口が加速効果を持つためには，直接バイアスや間接バイアスが働いている必要があります。ランダム斜行伝達や一対多伝達ならば，人口増加に伴って文化進化速度が上がることはありません。また，人口説の弱点は，そもそも人口が増加した理由が説明されていない点にあります。

一方，イノベーション率は，伝達様式にかかわらず，文化進化速度に効いてきます。この結果は，文化進化速度を$R = N \times u \times \pi_1$と定義したため，本稿の数理モデルから導かれる予測というよりは，むしろ仮定であると言えないこともありません。しかし，この数理モデルが妥当なものであり，予測も正しいと，筆者は考えます。実際，全く異なる仮定から出発した文化進化の数理モデルでも，イノベーション率の重要性が示されます。

● イノベーション能力の進化

では，イノベーション率の違いは，どのようにして生じるのでしょうか？　最もすっきりする説明が，生得的な能力差の存在です。10年前ならば，ネアンデルタールの文化が停滞気味で，その原因

がイノベーション能力の不足にあったと主張しても，目くじらを立てる先史考古学者や人類学者はいなかったでしょう。現在は，ネアンデルタールの文化が必ずしも停滞ばかりではなかったことが判明しつつあり，逆にヒトの旧石器文化についても，時代や場所によっては目覚ましい変化が見られなかったことが指摘されています。しかし，イノベーションに関する生得的な能力差が，ネアンデルタールと約8万年前以降のヒトの間に存在していたとする仮説は，総合的に考えると，妥当性を失っていません。

　生得的に決定されるイノベーション能力も，学習戦略の一要素です。イノベーションは，個体学習つまり試行錯誤や洞察によって創出されるのが普通です。そのため，イノベーション能力の進化は，個体学習能力の進化として扱われます。しばしば用いられる数理モデルでは，集団の構成員が個体学習のみを行う「(純粋) 個体学習者」であるか，ランダム斜行伝達による社会学習のみを行う「(純粋) 社会学習者」であるかの違いは遺伝的に決定されるという，はなはだ単純化した仮定が設けられています。個体学習または社会学習のいずれかに特化した構成員からなる生物種は，恐らく存在しません。しかし，このような数理モデルは，個体学習と社会学習の適応的意義を探求するのに，大いに役に立っています。

　時間的に変動する環境を想定します。社会学習者は，年長の他者を模範者とし，既存の文化要素のヴァリアントを踏襲します。環境が変われば，その模範者から習得したヴァリアントは，新しい環境に適さない可能性が大です。一方，個体学習者は，どんな環境においても試行錯誤や洞察によって，その環境に適したヴァリアントを創出することができると考えます。文化要素の変異型や，

全く新しい文化要素を考案することができるのです。ただし，致命的な過ちを犯すこともあるので，環境に適さないヴァリアントを有する社会学習者よりは有利である（生存力が高い）が，逆に環境に適したヴァリアントを有する社会学習者よりは不利である（生存力が低い）とします。これらの仮定が成り立てば，環境が頻繁に変わるほど，個体学習者が社会学習者に対して有利であり，集団中のその頻度が高くなることが示せます。

この理論的結果は，個体学習は変わりやすい環境への適応であり，社会学習は比較的安定した環境への適応であることを意味します。そして，個体学習者はイノベーションを創出する能力を持っているので，その頻度が増加すると，集団全体としてイノベーション率が上昇するのです。やや拡大解釈をするならば，環境が頻繁に変わるほど，高いイノベーション能力が進化するとも言えます。残念ながら，ネアンデルタールと8万年前以降のヒトのどちらの方が，より多くの環境変化を経験したかは，特定されるに至っていません。一方，古代DNAの研究が進んでおり，ネアンデルタールとヒトの間で，認知に関与する遺伝子に違いがあったことがわかってきました。近い将来，イノベーション能力の違いが遺伝子レベルで明らかにされることを，期待しています。

●──── イノベーション率の上昇をもたらすその他の要因

次に，イノベーション率の一時的な上昇をもたらす要因を検討します。少なくとも二つの候補が考えられます。

一つ目が文化交流です。互いに孤立した集団では，文化が独自の方向に進化するはずです。なぜならば，これらの集団で（同じ

好みに基づく直接バイアスが働いたとしても），同じイノベーションが創出されるとは限らないし，ヴァリアントの頻度変化に偶然が伴うからです。したがって，しばらく接触のなかった集団が再び出会ったとき，自集団には存在しない目新しい文化要素のヴァリアントを，他集団に見出すことになります。他集団から導入されたヴァリアントであっても，自集団に存在しないものならば，本稿の文化進化の数理モデルにおいて，イノベーションとして機能します。自前のイノベーションと合わせると，イノベーション率が一時的に上昇したとみなせます。

　二つ目が分布拡大です。空間的異質性のある環境への分布拡大は，環境の時間変動と同様な意味合いを持ち，個体学習能力の進化を引き起こすことができます。とりわけ，急速な分布拡大時には，遭遇する環境が頻繁に変わるので，個体学習者にとって有利な状況となります。筆者らは，飛び石模型（居住地が数珠状に並んでいる）を用いて，分布拡大の前線近傍で個体学習者が有利となり，一時的に増えることを示しました。また，反応拡散モデルを用いて，環境が空間的に一様であっても，個体密度が低い分布拡大の前線近傍では，やはり個体学習者が一時的に増えることを示しました。これらの結果を総合すると，分布拡大とりわけ異質性のある環境への急速な分布拡大を経験した集団では，イノベーション率が一時的に上昇し，それゆえに文化進化速度が一時的に高くなることが予測されます。ちなみに，最大の創造の爆発と言われる後期旧石器革命は，ヒトがヨーロッパへの（恐らく急速な）分布拡大を成し遂げた直後から始まっています。

● ─── **おわりに**

本稿で紹介した研究は，科学研究費補助金・新学術領域研究「ネアンデルタールとサピエンス交替劇の真相：学習能力の進化に基づく実証的研究」の一環として行われています。領域代表者の赤澤威は，シリア国デデリエ遺跡のネアンデルタール人骨の発見者・発掘責任者として知られる，著名な先史考古学者です。

交替劇プロジェクトでは，ネアンデルタールからヒトへの交替劇の原因究明を目標に，文系からは先史考古学者や文化人類学者が，理系からは自然人類学者，気候学者，脳科学者や数理生物学者が参加し，学際的な共同研究を進めています。筆者らが担当している研究課題は，「ヒトの学習能力の進化モデルの研究」，すなわち文化進化と学習戦略進化の理論的探求であります。このような文理融合型研究の究極にあるような本プロジェクトにおいて，数理生物学者が主要メンバーとして参加していることは，今後の数理科学の発展にとっても重要なことだと考えられます。

現象数理学とは，現象を扱う実証研究者との密な連携のもとで，数理モデルの研究を行う学問分野だと理解しています。交替劇プロジェクトを推進するにあたって発生する様々な学問的疑問を，数理モデルを用いて一つ一つ解決していく筆者らの作業——ただし，ゴールは程遠い——は，数理モデルの活用範囲を広げるとともに，現象数理学の形成と発展に繋がるはずです。

最後になりますが，貴重なコメントを下さった若野友一郎氏（明治大学総合数理学部准教授）に，厚く御礼申し上げます。

第4章
地球科学の数理
――地震・気象・磁場

中村和幸

● ──── **イントロ**

　人類が暮らす地球は，46億年前に誕生して以来，さまざまな過程を経て現在のような形になりました。そして，人類の生活に深くかかわるさまざまな自然現象の中で最もスケールが大きく，それゆえに人間に対する好悪さまざまな影響を与える存在であると同時に，未知の部分もまた大きくあります。

　東日本大震災は，地球規模の現象が人類に与える影響の大きさをまざまざと見せつけると同時に，未知のこと，これまでの科学では想定できなかったことの多さというものが明らかになったともいえます。これは，規模の大きさによる観測量の不足，地震や火山に関しては現象の発生回数の少なさなど，未だ十分な情報がないことが大きな原因です。そのような「語り得ぬもの」が多い中でも，地球がどのような動きをしているかを明らかにし，将来を予測するための不断の努力というものは，人類社会の発展のために必要不可欠であることは論を俟たないでしょう。

　では，このような「語り得ぬもの」に対するアプローチには，何が必要なのでしょうか？　データを取ること，そのための努力というものが一番であることは間違いありません。また，さまざまな仮説を立て，演繹的に結論を導き出して現象との整合性を議論するというアプローチも有力です。地球科学の多くの問題が，観測などで得られる情報を補うためのなんらかの方法を必要とするのです。現象数理学では，このような情報が不足する対象に対して，数理的なアプローチを行うことで適切な情報を抜き出し，さらには必要な情報を数理に従って補うことで，知識を見つけていくことになります。

[**図1**] 地球内部の構造（川勝 (2002) より作成）

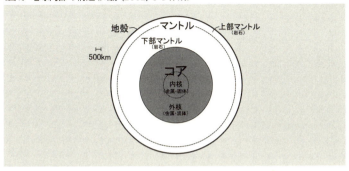

● ———— **地球と地球科学**

　地球は，地表より下と上で大きく分かれます。地表より下は，地表から中心に向けて，大まかに地殻，マントル，コアという三つの部分からなっており，さらにマントルとコアはそれぞれその性質の違いから，二つに分かれています（[図1]）。一方地表より上については，大気がある範囲においては，対流圏，成層圏，中間圏，熱圏と分かれています。また，大気とは別の後述する電磁気学的な観点からは，電離圏・磁気圏が，主に熱圏から外の部分に存在します（[図2]）。

　これらの各層に関する分類の他に，地球に関する学問の体系としての分類があります。特に対流圏から地表付近に関しては，人間活動に密接に関係するために，身近な気象学を始め，地質学，測地学，海洋学，気候学等さまざまな学問分野が存在します。また，海岸工学や土木・地盤工学，鉱山学などの工学分野も密接に関

[図2] 地表より上の構造（『気象科学事典』をもとに作成）

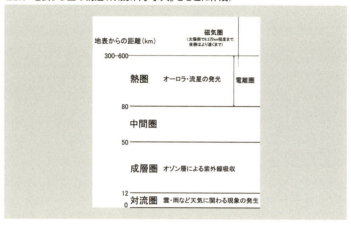

連する周辺分野です。このように，地球科学は地球に関する総合科学としての側面が強くあります。

では，このような地球に関する研究に共通して必要なアプローチはどのようなものでしょうか？　ここでは，実際に筆者と各分野の研究者によって行われた研究成果をケーススタディとして見ながら，明らかにしていきたいと思います。

1　プレート境界型地震と数理
——東日本大震災が科学に残した課題

2011年3月11日，東日本大震災が発生しました。後述するように，この地震はプレート境界型地震という，広範囲に影響を及ぼすこと

の多い経験したことがないタイプの地震でした．さらに，それまでの科学が想定できた範囲の外であったことから，予測や防災といった観点からも大変多くの宿題が課された地震でもあります．

そのような中でも，プレート境界型地震とそれに誘発される津波について，認識と理解を新たにすることで，今後想定される同タイプの東海・東南海・南海地震やその連動地震といった，人類に大きな影響を与える地震とその防災に備える必要があります．筆者を含むグループでは，周期的に起こる東南海・南海地震とその連動に関する研究を行っていました(Mitsui ほか，2001)．本節では，東日本大震災前に行っていたこの研究について紹介するとともに，防災にも資する予測力のある科学としての地震学について，これから先の展望も含めて議論します．そのために，まずはこのプレート境界型地震が発生するしくみについて簡単に説明し，数理的な研究について触れた上で，その先の展望について触れていきます．

● プレートテクトニクスとプレート境界型地震のメカニズム

地球上では十数枚のプレートと呼ばれる地殻 (正確にはその下部のマントル上層部も含む) が運動しています．プレートは，海嶺と呼ばれる場所で主に作られ，大洋を1年に数センチ程度のゆっくりした速度で移動し，他のプレートとの境界で沈み込んでいます．日本付近では，日本海溝で太平洋プレートに北米プレートが，南海トラフではユーラシアプレートにフィリピン海プレートが，相模トラフでは複雑な構造となっていますが主に北米プレートにフィリピン海プレートが沈み込んでいます([図3]，Bird (2003)，宇津 (2001))．

これらのプレート境界面では，「プレート境界型地震」と呼ばれる

[図3] 日本周辺のプレートの様子（Bird (2003) のデータ，宇津 (2001)，菊池 (2002) などから作成）

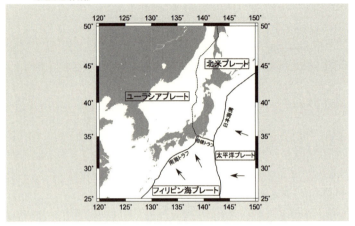

大規模な地震が起こります。プレート境界面では，周囲は滑っていながらも，境界の一部分についてはくっついたまま（固着）の領域が存在し，その領域でひずみが蓄積します。このひずみが解消する際に破壊が起こり，急激に滑ることで，プレート境界型の地震が発生すると言われています。

　2011年に起こった東日本大震災の地震も，日本海溝でのプレート境界型地震でした。この地域では，常に滑っているためにプレート境界型地震として大きいものは来ないのではないかと言われていました。しかしながら，実際には複数の固着域が次々に破壊されて今回のような大規模な地震となりました。

●───── プレート境界型連動地震解明のために

このようなプレート境界型連動地震の特徴は，

・周期性があること

・隣接する震源域の地震が連動する場合としない場合があること

の2点にあります。プレート境界型地震である東海・東南海・南海の各地震についても，過去に全てが連動した場合と，各々が別に動いた場合があります（菊池 (2002)）。たとえば1707年の宝永地震では全ての地震が連動しており，関東から西の太平洋側に大きな被害をもたらしています。一方で，1944年の東南海地震の後には，1946年に南海地震が発生したように，2年の間隔を空けて発生している上，東海地震の震源域については地震が発生していません。このときの二つの地震は即時の連動はしていないものの，東南海地震により蓄積され地殻のひずみが南海地震に影響を与えたと考えられ，これも連動型地震の一種といえます。

それでは，このような東海・東南海・南海地震はどのような時に連動して起こるのでしょうか？　このような問いについて考える前に，これまでの地震発生確率予測の方法について説明します。

●───── 地震発生の発生確率予測について

大規模地震の地震発生確率は，地質学的な調査によって，過去のどの年代にどのような地震が起こったかを調査することを基本として行われています（金森 (1991)）。地質学的な調査では，津波に関しては，地層中の堆積物を調査することで，どの年代にどの規模の津波が発生したかということについての情報を得ることが例として挙げられます。また，地層の状態を調査することで，断層の

活動状況を推定することも可能で、最近の原子力発電所周辺での地質調査では、このような調査に基づいて活断層の評価が行われています。

　以上のような調査やその他の文献調査の結果に基づいて、過去どのような間隔で大規模地震が起こっていたかを評価することができると、発生確率予測を与えるための基礎情報が得られたことになります。しかし、これだけでは確率を出すのには不足しています。これは、地震そのものがきわめて確率的に発生し、なおかつ、一定期間内に地震が発生する確率はとても低いことが影響しています。そのため、ある一定期間の内に起こる確率を与える「確率的数理モデル」と組み合わせることで計算する必要があります。その理由を以下の数学的な例で説明してみます。

　ある箱の中に、999個の白玉と1個の赤玉が入っているとします。ここで、1個ずつ箱の中から玉を取りだしていきます。1個目で赤玉を取りだす確率は0.1%、2個目までに赤玉を取りだす確率は0.2%ですが、1個目で赤玉を取りださなかったときに2個目に赤玉を取りだす確率は、1/999＝0.1001%とわずかに上がります。さらに2個目までに赤玉を取りださなかったときに、3個目に赤玉を取りだす確率は1/998＝0.1002%とさらに上がることになります。

　以上の例は、平均して数千年に一度発生する地震の場合と対応づけて考えることができます。一度地震が発生したら、地中のひずみは解放されるため、それから数百年の間は地震が起こりません。そして、ある時を境にして、その後は確率が上昇していくとします。この過程は、1年をボール1個の取りだしに対応づけて考えて、白玉が出たら地震は発生しない、赤玉が出たら地震発生と考えま

す。すると，最初の数十年の間に発生する確率は低いということになります。そして，その間に発生しなかったという条件のもとでは，その次の数十年の間に起こる確率（条件付き確率）は上がることになります。このようにして，一定の期間の内に発生する確率は低いのですが，徐々に確率が上がることになります。実際には地殻にひずみがたまってくることにより，条件付き確率はより高くなることになります。また，実際の地震発生確率の見積もりにおいては，例えで使ったものよりも正確なモデルが用いられています。

● 確率的な評価の問題点とその解決に向けて

　以上のようにして，各種大規模地震の発生確率が従来発表されてきました。すなわち，大規模な地震が平均的にどのような間隔で過去に起こったかを調査し，それに基づいて将来の確率を上記のような「モデル」に従って計算してきたわけです。

しかしながら，このような確率的評価と予測においては，地震発生に関する「メカニズム」は直接的には取り入れられていません。すなわち，間隔が空けば空くほど，時間当たりの地震発生確率は上がるという意味での「メカニズム」の反映はされていますが，ひずみがたまっていく物理的な過程そのものを数式に表すことはされていないということです。そのため，出てくる確率に対して，物理的な意味づけが難しいという問題や，地殻の状態をこのモデルに反映することが困難であるという問題があります。

　その一方で，昨今の地震研究の発展に伴って，各種の観測データが得られるようになってきました。例えば，岩石ひずみ計などの地殻の状態を常時計測する機器は，日本各地のさまざまな地点

に配置されています。また，防災科学技術研究所では地震に関する全国的な観測網ならびに海における観測網を整備し始めた他，海洋研究開発機構は東南海・南海地震の震源域にあたる紀州沖にDONETと呼ばれるリアルタイムの地震津波観測システムを整備・運用しています。このような情報をもとに，現在の地殻の状態を推定し，発生確率を推定・予測していくことが期待されています。

　このような仕組みを作るためには，天気予報と同じようなシステムが必要となります。すなわち，地震発生のメカニズムを模倣する「シミュレーション」と，実際の地殻の状態を計測した「データ」を組み合わせて，今の地殻の状態を推定しながらシミュレーションを進めていって将来起こる確率を予測するというものです。いわば雨の降る確率を出すために，大気のシミュレーションを行う計算と，アメダスや衛星観測の「データ」を組み合わせるのと同じです。このような作業は，気象学の分野では「データ同化」と呼ばれており，地震学の分野においてもその有効性に期待がかかってきています。データ同化については，次の節で説明します。

●──連動型地震の繰り返しを確率的に捉えるには

　それでは，各機関によって計測されているデータが得られたときに，それをもとに東海・東南海・南海地震の連動型地震について知るために必要なものは何になるでしょうか？　それは，物理過程を反映しながら，その時の状態によって連動の有無をある程度再現可能な「モデル」と，そのモデルに含まれる不確かさをデータから決めるための仕組みになります。

　これまでの地震学の研究で開発された，地震発生時の物理挙

動を3つのパラメータによって表現する力学的なモデルというものがあります。これに基づき，東海・東南海・南海地震の発生間隔を与えるモデルも開発されています。そこで，このモデルに含まれるパラメータが観測データから絞り込み可能であるか？　という研究を私たちのグループで行いました。詳細は論文に譲りますが(Mitsuiほか (2010))，ある条件のもとで絞り込みが一定程度可能なことが，数値実験によって確認されました。これは，従来から広く使われている経験確率的なモデルに現れるパラメータではなく，メカニズムに関係するパラメータについて，データに基づいて範囲を絞り込むことができることを意味し，「確率的予報」のための準備の一つとして重要な意味を持っています。

●─── 「地震予報」に必要なこと

　以上，大規模地震の研究において，従来の「過去の地震の頻度に基づく確率導出」から，物理学的な意味や現実のデータを用いた「現在の状態に基づく予報」へという流れを紹介しました。地震予知は難しいと言われています。これは，発生しているのが直接観測することのできない地中であることや，大きな被害を発生させる大規模地震というものはめったに起こらないため，メカニズムをしっかり調べるのが極めて困難であるということに起因しています。このような状況下においても，「予知」ではなくて「予報」を行っていくために，物理学的な意味づけが可能な「モデリング」，そしてデータとの突き合わせによる「データ同化」が必要になってくると考えられ，ここに数理が求められているのです。

2 　気象学・海洋学における不確かさとデータ同化

　本節では，現象数理学として気象・海洋学を扱う際に必須の道具となり，日々の気象予報にも用いられている「データ同化」（樋口ほか (2011)）について，最初に気象の例で説明したのち，私たちの研究においてどのようにそれが活かされて，現象の解明に役立てられていったかを説明します。

●────天気予報における数値予報

　地球科学分野の中で社会において最も身近な対象は，天気予報でしょう。日々の天気予報は，気象庁にあるスーパーコンピュータを用いて各地点の気象の今と将来の状態が計算され，その結果をもとに発表されています。このコンピュータによる予報計算は，数値予報と呼ばれています。では，このコンピュータによる数値予報はどのように計算されているのでしょうか？

　数値予報は，簡単に言ってしまえば，数式で与えられるさまざまな気象現象を表す「モデル」から，大気の状態を次々にコンピュータ上で計算して再現しているにすぎません。しかも，気象現象の場合，大気の流れや熱の移動などを与える「モデル」は，流体のナビエ・ストークス方程式やその他の多くの式からなりますが，これまでの蓄積から，諸現象の中でも精度が高いと考えてかまいません。この点は，現象数理学において取り扱う生物や，先述した地震のような，支配している法則に不確かさがある現象とは様相が異なっています。しかし，気象予報の難しさからもわかる通り，気象現象にも不確かな部分が多くあります。

気象現象の場合には，現象規模があまりにも大きいため，計算量の制約やデータの量の相対的な不足が原因となって，コンピュータ上での気象状態の再現と実際の気象状態との間に大きなギャップが生じてしまうことが，気象現象を捉える上での難しさになっています。

●───数値計算と誤差の要因

　このギャップがどのように生まれるかについて，もう少し詳細に見てみることにします。

　数値予報を行うためには，「モデル」に基づいた計算をコンピュータ上で行い，気象現象の再現が行われるということを説明しました。ここに一つの問題があります。

　コンピュータは，数値を表現するときに二進法で表現するために，あらゆる連続の量を正確に扱うことは不可能です。そのため，実世界をコンピュータ上に再現する際に，どうしても座標・時間・特性量（温度や湿度など）について，「だいたいこれくらい」というような妥協が必要になります。ここに，実現象とコンピュータ上での現象との差，すなわち誤差が生まれます。

　コンピュータシミュレーションは，もととなる方程式等から，このコンピュータ上で表現できる形，すなわちとびとびの離散値での計算に変えることになります。値も離散値になりますし，式も「微分方程式」の場合には「差分方程式」に変わります。その結果，上記に示したような誤差が生まれることになります。

● 誤差の拡大とカオス

　問題は，このようにして発生した誤差が，現象の理解や予測にどのくらい深刻な問題であるかということです。現象の理解については条件や問題による部分が多く一概には言いづらいのですが，予測についてはエドワード・ローレンツという気象学者が「カオス」という現象を示して，気象現象を中心とした非線形現象における予測困難性に関する問題の深刻さを説明しています（Lorenz (1963)）。それは，全く同じ系を使って，ごくわずかな初期段階の差がある二つの場合の予測を行うことを考えたとき，系によっては，初期の僅少な差がどんどん大きくなっていき，ずっと先の予測結果は二つの場合で似ても似つかないものになってしまうというものです。これは，「バタフライ効果」と呼ばれていて，ある地点での蝶の羽ばたきの結果が，遠く離れた地点に将来的に起こっていなかった竜巻を起こし得る（しかしそれを予測することは不可能である）という例えから名付けられています。なお，「バタフライ効果」の名前はこの現象から着想を得た映画のタイトルとしても知られています。

● データ同化：コンピュータと現象を「定量的」につなげて予測・発見に活かす

　このように，気象現象は「長期の意味のある予測は事実上不可能」という状況にあります。しかし，誤差が小さければ，「短期の予測はある程度可能」ということも同時に意味しています。ここに，現象を捉え，短期の予測すなわち予報を可能とするポイントが隠れています。

　データ同化とは，気象学で長く使われてきた方法で，元来の狭

義の意味では，コンピュータシミュレーションに含まれる物理変数に計測データを合わせこんで，短期の予測の精度を上げるための方法を指しています。そしてこのデータ同化の仕組みを，予測のためのデータの合わせ込みだけでなく，隠れている状態の推定にも使うこともできます。次に説明する津波におけるデータ同化では，この仕組みを使っています。なお本筋から外れますが，このデータ同化の予測と発見に活用できる機能は，近年では地球科学以外のさまざまな分野（地盤工学（Shuku ほか (2012)) など）にも広がりつつあることも指摘しておきます。

●──── 津波について

津波の多くは，海底を震源とする大規模地震により，その直上にある海水が持ち上げられることで発生します。沖合における海面変動は通常高くても数メートル規模ですが，速度は非常に速く毎時数百キロメートルで進行します。沖合における津波は，およそ水深の平方根に比例した速さで伝わるので，伝播してきた津波は，沿岸に近づくにつれて速度が遅くなり，それにあわせて海水面高は高くなります。また，非常に広い領域にわたって海水面高が変動するため，海岸線に到達した津波は，風によって発生する高波とは異なって，水塊がおしよせてくるような状態となり，大きな被害を発生させます。

津波については，気象の場合と同じように，法則を表す式（支配方程式）は比較的単純です。しかし，気象の場合と同じように法則以外の部分に次のような不確かさがあります。

・津波の波源の形や高さの不確かさ

・津波が伝わる途中の地形の不確かさ
・方程式に含まれる(摩擦係数などの)パラメータの不確かさ

これらに起因して，津波のシミュレーションには誤差が生じることになります。ここでは，過去の研究のうち，地形の不確かさによる影響を検討した研究と，方程式に含まれるパラメータの不確かさに起因する津波遡上の影響についての研究を説明をします。

● 海底地形と海洋シミュレーション

海底地形については，諸機関がそれぞれ計測したり推定したりして構築したデータセットがあります。これらは，音波計測によるデータや衛星からの海水面高計測を通じた間接計測データをもとにしているため，使用データや補間法・推定法の違いなどにより地形が異なっています。これらのデータセット間の影響は小さくなく，他の条件をそろえて津波のシミュレーションをしても，結果が異なることがあります (Hirose (2005))。そこで，海底地形のデータセットを複数組み合わせて適切な海底地形データセットを津波から推定できないか，という研究を行いました。これにより，他の海洋シミュレーションへの貢献も考えられるためです。

使用したのは1993年の奥尻島近海で起こった津波で，日本海の中心にある大和堆と呼ばれる海山領域について，4つのデータセットを組み合わせて，適切にデータを説明できる海底地形を推定しました。その結果，4つのデータセットの平均値よりは全体的にやや浅め，しかし南斜面についてはやや削れているという結果を得ました。これは既存のデータの中で説明できる組み合わせを見つけた状態ですので，さらなる検証が必要ですが，この枠組みによって

「適切な状態を発見する」ことが可能ということがわかります。

●──── 津波遡上シミュレーションと摩擦係数値の決定

一方,実際に津波の被害を生じさせるのは,海岸に押し寄せてきた津波が陸上を遡上する段階になってからです。このような段階において,人的被害を避けるためには,いち早くどこが浸水してどこが浸水しないかを明らかにし,それにあわせて適切な避難経路に沿った避難を促すことが必要となります。

現在の津波警報では,このような「どこが浸水しどこが浸水しないか」を表すことはしておらず,どの程度の規模の津波が来るかのみの警報となっています (Tatehata (1998))。これは,地震発生から津波到達までの時間が短い場合があり,毎回計算を行うのは困難ということがあります。そのため,想定される地震の規模にあわせた津波をあらかじめ計算しておいてデータベースとして保管しておき,地震発生にあわせて,当該地震とマッチするデータをもとに警報を発表するという形態になっています。

また,浸水領域については,あらかじめ津波の規模を想定しておいて,「この規模の津波の場合にはこの地域が浸水します」ということを表したハザードマップが作成されています。これは,上記の避難行動に役立つ情報であることは間違いありませんが,あらかじめ津波の規模やタイプを想定しているため,想定とは異なる津波が発生した場合には,必ずしも適切な情報となっているとは限りません。

以上のことからわかるように,津波浸水被害予測に関しては,地震が発生してその規模やタイプがわかってから,あるいは,沖合

における津波の一部観測データが入ってから、その情報を反映させて浸水シミュレーションを行えれば理想です。これは、従来は困難と考えられてきましたが、計算機の発達により、パラメータのモデリングと推定法の工夫とくみあわせて、地震発生直後に浸水予測シミュレーションを行える可能性が出てきました。そこで、これを実現するための研究を進めています(Ohya (2014))。

●───津波浸水・遡上シミュレーションの種類について

　津波浸水・遡上現象については、東日本大震災以前から多くの研究がなされてきました。現在では、浸水した部分や水が引いていった部分を考えながら、通常の海の上での水の流れと同じようにして3次元的にコンピュータに計算させる方法の他、水を粒の集まりのように扱いながら浸水と水の流れを同時に計算させる粒子法と呼ばれる方法もあります。近年のこれらの方法での研究では、大変精密なシミュレーション計算がされており、防災のために有効な手法となっています。しかし、これらは精密に計算するにはその分だけ時間もかかります。

　一方、津波警報に役立つ浸水・遡上シミュレーションは、素早い計算を行えるものが適切と考えられます。そのため、粒子法や3次元的にシミュレートする方法は現時点ではあまり向いていません。また、不確かな状況を不確かなまま捉える方法として、繰り返し計算が考えられますが、この場合にはさらに高速で計算できる方法が必要になります。そこで、浅水波方程式に基づく2次元的なシミュレーション手法を用いることにしました。この方法では、デスクトップコンピュータ程度の計算機で実時間の数倍程度でテスト計算が

現時点でもできており，より速い計算機を用いることで，地震が起こった後に必要な計算ができる可能性があります。

● 摩擦係数の推定と予測精度の向上

では，これで地震が起こった後に地震の規模と津波の様子をもとに単にシミュレーションすればよいのでしょうか？　実は，問題は単純ではありません。上記の浅水波方程式内には，「マニング粗度」と呼ばれる摩擦係数が存在します。この値は，建物や木など津波にとっての障害物がある領域では大きくなり，道路や草原など障害となるものがない領域では小さくなります。この値を適切に設定しないと，実際の浸水領域の結果も異なったものになってしまいます。

マニング粗度の設定法については，過去にいくつかの研究があります。これらは実験や理論に基づいて決められた値で意味がありますが，それぞれの間で異なる部分が多くあります。すなわち，ここに「不確かさ」があり，それが実際の現象再現，すなわち予測結果に影響してしまうのです。そこで，私たちのグループでは，これらをうまく組み合わせることで，予測精度がよくなるマニング粗度の組み合わせがあるのではないか？　それに基づいて浸水予測をすれば，よい結果が得られるのではないかということを考えて，摩擦係数値をデータから決める方法を模索しました。

摩擦係数値を決める方法は，統計的推測と呼ばれる方法を用います。この方法の詳細は省きますが，実際の「データ」をうまく説明できるもっともよいパラメータ（今の場合は摩擦係数値）を決める方法です。ここでは，統計的推測によって得られた摩擦係数値のよさについて，予測誤差と呼ばれる量を評価に使うことにしました。これ

[表1] データにもとづく摩擦決定法とのほかの手法の予測誤差, Ohya and Nakamura (2014) より

波形	新しい決め方	従来法1	従来法2	従来法3
方形波	2.02	62.5	6.47	2.63
正弦波	1.84	28.86	6.34	5.56
三角波	1.41	34.7	3.2	0.29
引き方形波	8.85	66.33	1.7	23.11
引き正弦波	9.63	76.53	9.16	11.17
引き三角波	9.09	425.12	14.46	41.86
二倍高方形波	30.22	79.84	24.82	60.1
二倍高正弦波	32.34	78.87	79.05	64.44
二倍高三角波	36.02	89.54	52.54	48.24
半波長方形波	18.05	9.39	28.89	12.24
半波長正弦波	13.36	11.53	5.55	9.76
半波長三角波	6.59	146.19	12.25	19.16
平均予測誤差	14.12	92.45	20.38	24.88
ばらつき	12.34	111.43	23.45	22.81

Y. Ohya and K. Nakamura, "A New Setting Method of Friction Parameter for Real-Time Tsunami Run-Up Simulations Based on Inundation Observations", Theoretical and Applied Mechanics Japan, Vol. 62 (2014), pp. 167-178.

は，単にデータをもっともよく説明できるパラメータを用いた場合に，「過適合」と呼ばれるデータにあてはまりすぎて他の場合の参考にならないという現象が起こる可能性があり，そのようなことが起こっていないことを確認する必要があるためです。あてはめた結果にもとづく予測の良し悪しを調べることができます。

[表1]は，この予測誤差について，これまでに発表したシミュレーションの結果を示したものです。今回の手法では，12種類の正解の津波パターンを考えて，そのうちの11個のデータからよいパラメ

ータを決めて,残り一つを予測したときの誤差を調べるということを12回繰り返しました。その結果,データを使わずに従来の決め方でパラメータを決める場合と比べて,予測精度がよくなるだけでなく,そのばらつきも小さくなるという結果を得ました。これは,例えば東日本大震災の結果をもとにパラメータを決め,将来起こる津波に備えることができるという意味で,有効な方法であることが確認されたということになります。

観測情報をうまく取り込んで,将来必ず起こる地震災害に向けて活かす必要があることは論を俟ちません。しかし,適切な議論を行うためには,不確かなものは不確かなものとしたまま,定量的に評価する必要があります。これを実現するのが,本項で示したような推定手法やデータ同化手法です。そして,その背景には,数理的にしっかりした理論・技術があります。数理的にしっかりしているからこそ,どこまで正確でどこからは不確かかということを捉え,防災に活かすことが可能となるのです。そして,不確かさに対して真摯に向き合って対策を進めていくことがさらに重要になります。

3　地球磁場時系列データの解析と時系列解析

本項では,地球磁場の時系列の変化を,「時系列解析」と呼ばれる現象数理学上で重要な道具によって見つけ出す方法について紹介します。これは,高緯度地域における停電の原因となりうる磁気嵐の前兆検出などにつながります。また,大規模オーロラの発生の検出などにもつながります。この結果を通じて,磁場時系列の

ような大きい不確かさを持った現象に対して、データからどうアプローチしていくかについて議論します。あわせて、磁場時系列に対して用いられる時系列解析の方法が、地殻変動を捉える方法に応用されつつあることについて触れ、数理的に適切なデータ解析という道具によって、異なる分野間でも「社会の役に立つこと」ができるという数理の強さについて述べていきます。

●———地球磁場の構造

地球は「大きな磁石」でもあります。方位磁針がほぼ北を指すことからわかるように、地球をとりまく磁力線は、地球を磁石とみなしたときに、ほぼ北極にあたる位置にS極、ほぼ南極の位置にN極があるのと同じことになっています。この磁場の源はコアの流れによると言われています（地球電磁気・地球惑星圏学会学校教育ワーキング(2010)）。これだけであれば、地球の磁力線は南北軸について対称な形になるはずですが、実際には全くの非対称になっています。この原因は、太陽から来る太陽風にあります。

太陽風は、プラズマの高速な流れであり磁力を伴っています。太陽風が地球磁場とぶつかるときに、あたかも風に流されるようにして太陽と反対側（地球の夜側）に伸びていきます。太陽風は太陽活動と関係していて、太陽活動が活発になると強くなります。特にフレアのような大規模な活動が起こると、突風的に太陽風が吹くことになります。このような太陽風の強弱の影響で、磁力線の伸縮が地球の夜側で起こっています。そして、何らかの原因でこの磁力線の構造が変わったときに、地球の極域にプラズマが流れ込んできて、オーロラの発生となるのです。また同時に磁気嵐も発生する

場合があります。

このような現象は,地球の周辺で起こっている現象ですが,地球よりもかなり大きい規模で起こる現象でもあるため,人工衛星などを用いても広い範囲を長期にわたって直接観測するというのは大変困難です。その一方で,地球上まで伸びている磁力線は直接観測が可能であるため,計測機を設置してメンテナンスを行えば,常にデータを集めることができます。そのため,地球上での磁場観測データは,世界のさまざまな国の研究グループによって集められています(例えば,九州大学のMAGDAS)。このようなデータから,直接観測できない磁気圏で起こっている現象について,地上での観測を通じて間接的に情報を得ることで,現象の解明につなげようという研究があります。以下では,前兆の検出と混合情報の分離という二つの時系列解析を通じた解析について説明します。

● 時系列データと時系列解析

時系列データとは,時間ごとに値が変動するようなデータのことで,身近な例では株価の変動がこれにあたります。時系列データは,自然・社会のあらゆる現象に現れます。時系列解析とは,このような時系列データから特徴を見つけたり,将来を予測したりするための解析手法を指します。

時系列データには,日々の売上データのような,曜日や季節の影響,あるいは周期性といった要因が比較的明らかなデータと,そうではない,あまり要因が明確でないデータとがあります。前者の場合には,要因をうまく数式で表現することでその効果を数値化するといったことが可能になります。売上の例でいえば,特定の曜日

は他の曜日よりも1万円ほど売上が余分に上がるといった，効果の大きさを特定できることになります。これは，「統計モデル」を構築することに他なりません（このような内容に興味がある場合には，参考文献[北川 (2005), 佐藤 (2013)]を参照してください）。

　一方，要因が明確でないデータの場合には，要因と結果の関係を式で表現することができません。このような場合には，データをさまざまな角度から眺めてその特徴を見つけ出し，その帰結として「仮説」すなわち式で表す「モデル」を構築することになります。これが，GCOEプロジェクトにおいて一つの柱となっていた，「データからモデル」の姿勢による時系列データ解析になります（岡部 (2005)）。

●───前兆の検出と時系列解析

　オーロラ発生と地磁気変動については，「オーロラサブストーム」と呼ばれる大規模オーロラの発生とそれに付随する地磁気変動が重要な研究対象の一つです。特に，オーロラサブストームの発生メカニズムについては，モデルが複数提案されており，未解決問題になっています。これは，それぞれのモデルを支持する結果が存在するためで，問題解決に何らかの異なるアプローチの必要性が示唆されています。

　そこで，データのみからオーロラサブストームの前兆を客観的に発見し，これを自動化することで大量の情報から定量的に評価をすることを考えてみます。すると，このアプローチは，モデルに依存しないでデータのみからモデル構築や評価のための指針を与えることがわかります。このように，前兆の検出を客観的かつ定量的に可能とする手法は重要性を持っています。

そこで，徳永旭将氏（2011年度GCOE研究員）を中心として，Singular Spectrum Analysis（SSA）と呼ばれる時系列解析の手法を拡張して，地磁気データにおける前兆検出という目的に適した手法を作りました（Tokunagaほか（2011））。この手法では，時系列の中にある種の変化があった点を見つける変化点検出という方法を用いており，その中で使われる数理的な量を地磁気データの前兆検出にあわせて修正しています。この手法の整備により，前兆検出における新しいアプローチが作成されたことになります。さらに，実際のデータに適用することで，モデルに関する議論に一つの示唆を得ています。

●──── 混合情報の分離と時系列解析

　一方で，地球上では複数の時系列データとしてデータが取られています。これらのデータは，相互に同一の大規模現象を観測していることになります。そこで，複数のデータを組み合わせて，対象としている現象で「何が起こっているか」を把握することが可能になると，メカニズムの理解に役立つことが想像されます。この場合にも，データ以外の情報をできる限り使わずに適用するには，数理的な工夫が必要になります。

　ここで，新しく適用された方法が，独立成分分析という方法です（Hyvärinen（2001））。独立成分分析では，時系列発生源と観測点を考えます。そして，観測点で得られる時系列は，異なる時系列発生源で発生した複数の時系列の混合であるとします。異なる観測点間では，混合元の時系列は共通ですが，混合割合が異なります。このような設定のもとで，未知の混合割合と未知の時系列

源の時系列を推定するのが独立成分分析です。このような設定の問題は，ちょうどパーティ会場において複数点で得られる混合音声から元の音声を分離できるかという問題と見ることができるので，カクテルパーティ問題とも呼ばれます。

通常，これは不可能ですが，時系列源の時系列が「互いに独立である」という数理的な仮定をおくことにより，データから時系列源の分離を行うことが可能になります。これが独立成分分析で用いられている考え方です。ちょうど地磁気データの場合にも，地上観測データは磁気圏という地表よりは外で起こった現象を，異なる観測点で観測していることから使えることがわかります。この枠組みで解析した徳永氏による解析結果によると，異なる2種類の時系列源が見出されているとのことです。

●───地磁気時系列データ以外への発展

この独立成分分析による解析は，地磁気以外にも地球科学全般で適用可能なことがわかります。特に，地殻変動は本稿の最初にも述べた通り，複数の観測点で網羅的に観測している一方，地震や「ゆっくりすべり」による変動は，広い範囲にわたることがわかっています。そこで，海底圧力計データに独立成分分析を用いた研究を進めています。

海底圧力計とは，文字通り海底において水圧を計測しているものです。海底圧力計による計測は複数点にて行われており，各点において時系列データが得られます。得られた時系列は，広い範囲にわたって同時に発生する地殻変動のほか，水圧を計測していることから，海流などの海の影響も受けることになります。これらの

情報も，互いに独立と考えることができるので，独立成分分析を適用して，地殻変動成分を抽出することが可能になると考えられます。また，地殻変動を直接計測するひずみ計の計測に適用することも可能です。これも，地殻変動に伴う変化とそれ以外の要因やノイズによる変動が存在し，これらを分離することで地殻変動成分のみを抜き出すということを行います。これらの研究の結果では，従来は困難であったレベルの変化も検出できる可能性が見出されつつあり，現在進められている海底観測網の整備と，このような新しいアプローチの融合により，これまで以上に地震に関係する知識の深化が期待できます。

このように，データから適切な情報を抽出して解析する手法は，応用分野が異なっても有効な場合があることがわかります。

まとめ

ここまで，地球科学に対する現象数理学でのアプローチの考え方と実例を見てきました。これまでのアプローチで明らかになってきた点は，データを収集して集計するだけではなく，ダイナミクスを適切に捉えてデータと組み合わせることや，数理的に適切なデータ解析の手法を選択することを通じて，有用な情報を抽出するアプローチが必要であることです。特に地球科学の場合には，現象規模が大きくなったり計測が困難であったりすることに起因する不確かさが存在し，この点が常に問題となります。

一方で，近年大量データ蓄積や防災意識の高まりの流れの中で，

従来以上にさまざまな種類の地球に関する大量観測が得られるようになっています。また，スーパーコンピュータも含めた計算機の性能も，ますます高くなっています。このような大量データと高速計算機の資源を有効に活かすには，従来の枠組みとは異なる数理的道具立てや考え方になってきています。言い換えれば，適切な「モデリング」と「（統計的・データ科学的方法も含めた）数理的方法」の開発が必要となっています。そして，現象数理学はそのための学問的方法の一つになっていくと考えています。

参考文献

川勝均（編），地球ダイナミクスとトモグラフィー（地球科学の新展開1），朝倉書店，2002．

日本気象学会(編)，気象科学事典，東京書籍，1998．

N. Mitsui, T. Hori, S. Miyazaki and K. Nakamura, "Constraining interplate frictional parameters by using limited terms of synthetic observation data for afterslip : a preliminary test of data assimilation", Theoretical and Applied Mechanics Japan, Vol. 58, pp. 113-120, 2010.

P. Bird, "An updated digital model of plate boundaries", Geochemistry Geophysics Geosystems, 4（3），1027, 2003.

宇津徳治，地震学(第3版)，共立出版，2001．

菊池正幸(編)，地殻ダイナミクスと地震発生(地球科学の新展開2)，朝倉書店，2002．

金森博雄(編)，地震の物理，岩波書店，1991．

樋口知之(編)，データ同化入門，朝倉書店，2011．

E. N. Lorenz, "Deterministic nonperiodic flow", Journal of the Atmospheric Sciences, 20, pp. 130-141, 1963.

N. Hirose, "Least-squares estimation of bottom topography using horizontal velocity measurements in the Tsushima/Korea straits", Journal of Oceanography, 61, pp. 789-794, 2005.

H. Tatehata, "The new tsunami warning system of the Japan Meteorological Agency", Science of Tsunami Hazards, 16, pp. 39-49, 1998.

Y. Ohya and K. Nakamura, "A New Setting Method of Friction Parameter for Real-Time Tsunami Run-Up Simulations Based on Inundation Observation", Theoretical and Applied Mechanics Japan, Vol. 62, pp. 167-178, 2014.

地球電磁気・地球惑星圏学会学校教育ワーキング・グループ（編），太陽地球系科学，京都大学学術出版会，2010.

北川源四郎，時系列解析入門，岩波書店，2005.

佐藤忠彦，樋口知之，ビッグデータ時代のマーケティング—ベイジアンモデリングの活用，講談社，2013.

岡部靖憲，実験数学，朝倉書店，2005.

T. Tokunaga, D. Ikeda, K. Nakamura, T. Higuchi, A. Yoshikawa, T. Uozumi, A. Fujimoto, A. Morioka, K. Yumoto and CPMN group, "Onset Time Determination of Precursory Events of Singular Spectrum Transformation", International Journal of Circuits, Systems and Signal processing, vol.5, pp. 46-60, 2011.

A. Hyvarinen, J. Karhunen, E. Oja, Independent Component Analysis, John Wiley & Sons.

謝辞

本稿の内容は，多くの方との共同研究成果を中心に書いたものです。大変多くの方にわたるため，個別に名前を挙げることはいたしませんが，関係各位にはここに感謝の意を表します。

第5章
金融危機の数理
―最適モデルをどう作るのか

高安秀樹

1　　はじめに

　ブラックマンデー（1987年），アジア通貨危機（1997年），リーマンショック（2008年）……，このところ，ほぼ10年ごとに世界的な金融危機が発生しています。これらの金融危機は，それぞれ，それなりの原因があり，そのつど詳細な分析がなされ，同じことを繰り返さないような対策も立てられています。しかし，全く同じ金融危機が繰り返されることはないとしても，近い将来，形を変えた金融危機が再度世界を混乱させる可能性はぬぐえません。因果関係のわかりやすい表面的な原因は見つけ出されて対策がとられたとしても，これまでは問題にもされてこなかったようなもっと深い根本的な所に本当の原因があるのだとすれば，対症療法は役に立たないと考えられるからです。

　結論を先に言えば，私が考えている根本的な原因とは，経済現象を記述する数理モデルが不完全であるということです。物理的な現象の場合には，観測される現実の現象を記述する数理モデルが不完全だとさまざまな問題を起こすことはよく知られており，それが科学そのものを発展させるための原動力にもなってきた歴史があります。そのことを表す最も典型的な例は，大航海時代の天体モデルです。

　16世紀，大海原に出帆した船にとって，目印の何もない環境の中で自身の場所を知る唯一の方法は，天測でした。天測とは，星の見える角度を計測することによって，天体モデルから逆算して，大洋での自分の位置を知る技術です。暗礁などが点在する海では，自船の位置を正確に知ることがそのまま命を守ることに直結してい

たので，天体モデルとしてはできるだけ現実を正しく表現するものが求められました。特に，金星や木星や土星は，夜空の中で際立って明るく観測しやすいので，それらの動きを正確に記述するモデルが必要とされました。そのような中で，紀元前から信じられていたプトレマイオス由来の天動説モデルは現実と合わないことが明らかになり，コペルニクスの地動説モデルやさらにそれを観測に合わせて精緻化したケプラーの惑星の楕円軌道モデルが船乗りたちにとっての必須の数学モデルとなっていったわけです。そして，17世紀，ニュートンの力学法則と万有引力の法則によって天体モデルの決定版が確立しました。なぜ地球が丸いのに裏側にいる人間は地面に向かって立っていられるのか，という素朴な疑問にも答え，さらには，惑星だけでなく彗星の動きまで予測できるようになり，ニュートンの天体モデルは広く受け入れられるようになりました。コペルニクスからおよそ1世紀にわたるこの経緯は科学革命と呼ばれています。第三者によってチェック可能な観測によってモデルの正しさを証明する，という今では当たり前の科学の方法が人類の歴史上初めて確立したのです。

　天動説モデルは，紀元前から信じられていた公理に基づき，数学的な演繹によって作られた数理モデルでした。その公理とは，私達のいる大地は宇宙の中心にある不動の存在であり，神の領域である天体は完全な球であり，その軌道も完全な円である，というものでした。それに対し，コペルニクスは大地が太陽の周りを回っていると考えるという発想の転換をし，ガリレオは自作の望遠鏡で月を観察することによって完全な球ではないことを明らかにしました。ケプラーは惑星の軌道が円ではないことを観測事実と整合する数

理モデルを提案することで実証し，1000年以上信じられていた常識が間違いであることを明らかにしました。また，ガリレオは，重いものほど速く落ちるという当時の常識を，人々の目の前で物体の落下の実験をすることによって打ち破りました。そして，それら全ての成果を数理的に凝縮させたものがニュートンの万有引力の理論だったわけです。論理によって作られる数理モデルは，前提とする公理や仮定の部分に問題があると現実とは合わないものになってしまいますが，正しい前提条件を設定することができれば，現実に起こっている現象を全て矛盾なくすっきりと記述することが可能となるのです。

批判を恐れずに言えば，多くの既存の経済モデルは，天動説モデルに近いようなレベルのモデルだと考えられます。というのは，経済モデルの大半は，想定される基本的な経済法則を定式化したものなのですが，その基盤とする基本的な法則自体が，実は，観測データによる検証が十分には行われていないのです。法則という名前がついていると，物理現象と同じようにいつでも成り立つものというイメージを持って受け入れてしまいがちですが，経済学の法則に関しては，それは危険です。例えば，経済学の法則の中でも最も有名で誰でも知っている「価格が安いほどたくさん売れる」という「需要の法則」ですらデータとの検証は十分とはいえないのです。実際，中央経済社の『経済学辞典』（平成元年）を見ると，需要の法則の説明の中に，「所得が増加した場合に需要が減少するような下級財については，需要曲線が右下がりになり需要の法則があてはまるのかどうかは，一般には何ともいえない」というような曖昧な表現になっています。これは，「安かろう悪かろう」というよ

うな商品については，安くても需要の法則から期待されるほどは売れないかもしれない，ということです。

　それ以外にも，この法則が成り立たないような例外はたくさんあります。例えば，買った後で値上がりしたら売ろうという投機的な目的を持った人が多い商品を扱う市場では，「安いほど売れる」のではなく，むしろ価格が上昇傾向にあるものほどよく売れます。そのような場合には，むしろ，上記の法則とは逆に「高くなった方が売れる」ことになるわけです。人が物を買うときには，様々な要因が複雑に絡み合った上で買うか買わないかを判断しているのが現実であり，価格というたったひとつの量だけで需要という複雑な人間の行動を記述すること自体に無理があるわけです。とすれば，需要の法則に基づいて数理モデルを構築したとしても，そのモデルの導く結果が現実と合わなくなることは，十分に想定されます。

　経済学の法則のデータに基づく検証が十分ではないことには，やむを得ない事情もあります。それは，少し前まで経済データを入手するのは，一般に非常に難しいことだったからです。売りと買いが頻繁に発生し，価格の変化が激しい株式市場などでも，高度情報化の一端として市場が電子化されるよりも以前には，集まった人達が怒号飛び交うような喧騒の中で取引をするのが当たり前の姿でした。外から見ている人には，いくらで何本の取引が成立したのかすら，よくわからないような状況だったのです。当時は，時々刻々の変化の全てを正確に記録するのは不可能で，一日が終わって集計した結果しか，記録に残せなかったのです。一方，市場で売買をしている実務家の間には，「10分ひと昔」という格言のような言葉があります。これは，通常使われる「10年ひと昔」をもじったもので，

ほんの10分前でも,市場で売買をしている人にとっては遠い過去であり,10分前の価格の変動のデータは今の取引にとってはほとんど意味がない,ということを表しています。実際の市場の価格変動が,10分間よりも短い時間スケールで動いているのだとすれば,1日単位にまるめてしまったデータでは,市場の価格変動の大切な情報を見逃してしまうことになります。

スーパーマーケットのような小売業の場合でも,POSシステムが導入される前は,ある店舗でどんな商品がいつどれだけいくらで売れたか,ということをいちいち記録に残すことはしませんでした。詳細な売買の記録が残っていなければ,例えば,個々の商品について需要の法則を検証しようにも,根拠とするデータがなかったわけです。

貨幣経済の重要な特性の一つが,現金の匿名性です。硬貨や紙幣には名前がついていないので,現金を使う売買では,誰から誰にお金が流れたのかは記録が残らないわけです。現金が経済活動の中心である限り経済現象の詳細な観測は原理的に不可能なのです。このような状況が変わってきたのは,社会の高度情報化が進み,私達の生活の中での経済活動がコンピュータを介するようになってきてからです。クレジットカードを使って買い物をすれば,いつ,誰から誰に,いくら,というお金の流れの情報が記録されます。金融市場でも,電子取引ならば,いつ,誰が何についてどれだけの量の売り,あるいは,買いの注文を発したのか,そして,いつ取引が成立し執行されたのか,という記録が全て正確に残されます。プライバシーの問題や法的な規制などもあるので,それらの情報が全て公開されることはなく,限定された形でしか研究目的

には入手できません。しかし，それでも経済活動の詳細なデータが観測可能になったことは大きな転換です。

物質科学とのアナロジーでいえば，虫眼鏡くらいしか観測手段がなかったところに，顕微鏡や電子顕微鏡が登場したような画期的な状況の変化です。金融市場に関しては，人が集まって取引をしていたのは1990年代までで，21世紀に入ってからは，ほとんどの市場での取引が電子取引に移行しました。詳細なデータが入手できない時代に作られた数理モデルでは，特に，短時間の市場の変化に対する記述力が欠如しているのはやむを得ないことです。

詳細で膨大な経済活動に関するデータが入手できるようになって，まだ，およそ10年しか経っていません。データの持つ有益な情報を最大限に引き出すような研究は，まだまだ発展途上で，今すぐにできることや今後できそうなことは山積みの状態です。天体モデルが長い時間をかけて大航海という実務を通して洗練され，ニュートン力学の形で科学の果実を生んだように，経済活動に関連した膨大なデータを分析する研究も，実務とも密接に関連しながら，これから大きく発展することが期待されています。

本章では，このような社会情勢を踏まえ，膨大な経済データと整合するよりよい数理モデルを構築するために押さえておかなければならない基本的なことを，研究の最先端の話題とともに紹介します。世界的な金融危機という大きな現実の問題に対しては，ここで紹介する話題はあまりに基本的で遠回りをしているように見えるかもしれません。しかし，確かなことをひとつひとつ積み上げていく地道な作業の結果として，いつの間にか全体としては大きな飛躍をするのが科学の醍醐味です。膨大で詳細なデータに基づいて経済現象

を見直し，現実に起こっていることをできるだけ正確に理解するという目的を達するためには，欠かせない作業なのです。

2　マンデルブロとベキ分布

　経済データを扱う基本的な数理の問題が世界的な金融危機の原因である，という可能性を初めて明確に指摘したのは，フラクタルという概念の産みの親として名高いマンデルブロでした。フラクタルとは，1970年代に彼が創出した複雑な形を扱うための基本的な幾何学的概念で，部分と全体が似たような構造を持つような複雑な形の総称語です。代表的なものとして，［図1］に，シルピンスキーのギャスケットとよばれている図形を紹介します。このような無限の繰り返し構造は，非整数値をとるフラクタル次元（この図形の場合は，1.58...次元）によって定量的に特徴づけられます。フラクタルは，当初は誰も見向かず，マンデルブロは論文を掲載することにも苦労したそうですが，1980年代に出版された彼の一般向けの著書，『フラクタル幾何学』をきっかけにして大きなブームになりました。物理学の分野で初めにフラクタルのブームが起こり，最も権威ある学術誌であるフィジカル・レヴュー・レターズ誌の編集者が，投稿されてくる論文の3分の1がフラクタル関連の論文になってしまったと悲鳴を上げる状態になり，まもなく自然科学の全分野や工学の分野にも広がっていきました。フラクタルは，今では，複雑さを扱う科学の分野では常識となり，コンピュータグラフィックスなどでも自然に見える地形や樹木などを描く方法として広く使われています。

[図1] フラクタル構造の代表であるシルピンスキーのギャスケット。三角形の真ん中をくり抜く操作を繰り返すことで定義される。くり抜かれた三角形の大きさとその数は，ベキ分布に従う。

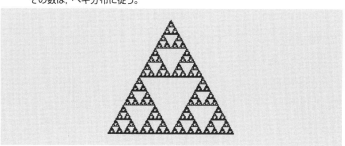

2003年には，科学や工学の全分野で社会に大きく寄与したことが評価され，マンデルブロは日本国際賞を受賞し，天皇陛下から業績をたたえるお言葉を賜りました。

　自然科学の分野では，知らぬ人はいないほど高名になったマンデルブロですが，2004年に出版された彼の本（翻訳＝マンデルブロ『禁断の市場―フラクタルでみるリスクとリターン』，東洋経済新報社，2008年，高安秀樹監訳）の中で，金融の世界に鋭く切り込みました。世界中でもてはやされている金融工学は，いわば，晴天の日にしか使えない豪華客船であり，嵐が来れば沈没してしまう，という手厳しい内容の警告を発したのです。しかし，当時はアメリカの不動産価格のバブル的な上昇が続いており，金融工学が生み出した新種の金融派生商品が世界中の金融機関の間に広く販売されている最中だったこともあり，彼の警告はあまり注目されませんでした。ずっと晴天が続いていたので，誰も嵐の心配をしなくなって

いたわけです。

しかし,それから3年後の2007年,世界の景気を支えていたアメリカの住宅バブルがはじけ,ほぼ単調に上昇し続けていたアメリカの不動産価格が下落し始め,それに伴って金融工学が生み出した金融派生商品の信用が喪失しました。このとき世界中に売り出されていた金融派生商品は,上質のものから質の低いものまで様々な債券を挽肉のように混ぜ合わせてブレンドしたようなものだったのですが,その中に,不動産価値が下落すると価値を失うサブプライムローンと呼ばれる特に質の悪い債券が含まれていたのです。サブプライムローンとは,通常では住宅を建てるための借金ができないような収入の低い人向けに貸し出された特別の住宅ローンです。購入した住宅のための月々のローン返済ができなくなった場合には,その住宅を売ることでローンを一括返済するということで,不動産価格が上昇している間はなんとかうまく回っていたのですが,不動産価格が下落しだすと,家を売っても借金が残り,その債券を保有している金融機関が損失を計上することになりました。

サブプライムローンを含めたいろいろな債券のまぜこぜの金融商品を,積極的に売買していた金融機関のひとつがリーマン・ブラザーズ社でした。世界中に支店を持つアメリカの老舗金融機関であるこの会社は,企業の格付け業者からは最上級のAAAの格付けをされていました。しかし,金融派生商品の信用がなくなり,売買が滞ることでお金のやりくりができなくなり,ついに,2008年9月,世界新記録となる負債額,当時のドル円レートで約65兆円,を抱えて突然倒産し,150年を越える同社の歴史に幕を降ろしたのです。その結果,リーマン・ブラザーズ社にお金を貸していた金融機関に

とっては，合計65兆円ものお金が踏み倒されたことなるわけですから，一気に世界中の多数の金融機関が連鎖倒産の危機に直面する事態となりました。これが，いわゆるリーマンショックです。ちなみに，日本政府に税金として1年間に入ってくるお金はおよそ40兆円程度ですから，65兆円とは，日本国民が1年半程度一生懸命働いて納める税金の総額程度という途方もない巨額です。

　金融機関が連鎖的に倒産すれば，1930年代の世界大恐慌の再現となる可能性があり，計り知れない損害が予想されました。そこで，主要国の政府は，緊急に金融機関の救済に着手し，金融機関を突然の倒産から守るために必要なお金を上限なしで貸し出すという極めて異例な対処をしました。そのおかげで世界的な金融機関の連鎖倒産という最悪の事態は回避することができたのですが，その仕組みを理解するためには，金融機関特有のルールを理解しておく必要があります。

　金融機関は，いろいろな形でお金を流すことで利益を上げています。個人や普通の企業とのお金のやりとりだけでなく，金融機関同士でも日常的にお金の貸し借りをしています。借りたお金を約束通りに返済するのは当たり前のことですが，個人レベルの借金だと返済を少し待ってもらうということはよくあります。しかし，金融機関には厳しい規制があり，借りたお金を約束した日までに返済できないと，約束を破ったその日のうちにその金融機関の名前が世界中に通達され，問題を起こした金融機関はどこの金融機関とも取引ができなくなり，倒産したものとみなされます。そして，どの金融機関も，自転車操業的にどこかから借りたお金を別のところに貸し出したりする形で経営していますから，返済されることを見込んで

いたお金が焦げ付いて入金されなくなると，自分が返済する義務のあるお金を調達できなくなり，連鎖的に倒産してしまう可能性があるのです。

　リーマン・ブラザーズ社の倒産の直後から世界的なお金の流れは著しく縮小し，その影響で，世界中で物が売れなくなり，製造業にもサービス業にも大きな影響が及ぶこととなりました。このリーマンショックこそが，マンデルブロが警鐘を鳴らしていた「嵐」だったのです。金融危機に関して，マンデルブロが事前に指摘していたのは，次のふたつの点でした。

1：市場の価格変動を単純なランダムウォークで近似する金融工学モデルは，市場の大変動の確率を極めて過小評価しており，現実には，金融工学モデルの予想をはるかに超える大変動が近い将来高い確率で起こる。
2：世界中の銀行の基準となっているバーゼル委員会の基準も金融工学に基づいているため，この基準では金融機関の連鎖的な危機を防ぐことはできない。

　結果から見ると，これらのどちらもずばり的中しており，政府の特例的な処置がなければ，1930年代の世界大恐慌のときのような銀行の連鎖倒産が起こり，まさにマンデルブロが危惧していた通りの最悪の状況になっていたことでしょう。

　では，マンデルブロはどのようにして，経済システムの本質的な脆弱性を見抜くことができたのでしょうか？　実は，マンデルブロの研究は，通常の経済学者が行うような経済システムの詳細な構造

を分析したものではありませんでした。彼の主張の根拠は,市場価格の変動の統計性を素朴に分析し,そこから見出した「市場価格の変位の分布がベキ分布に従っている」という極めて基本的な数理科学としての発見だったのです。ベキ分布は,フラクタルと並んで,マンデルブロの研究を特徴づけるキーワードですが,これが金融工学のアキレス腱となり,世界経済を転倒させることにつながったわけです。

数理科学の広い視野から見れば,ベキ分布とは,次式のように,分布関数がベキ乗の関数に従うような非常に特殊な分布のひとつです。

$$P(>x) \propto x^{-\alpha} \qquad (1)$$

ここで,$P(>x)$は,観測した変数の値がxという値よりも大きな値になっている確率で,累積確率とも呼ばれます。記号,$\propto$,は比例することを表しますから,比例定数を導入すれば等号にすることができます。正の数αが,ベキ分布の指数で,この分布を特徴づける重要な数値です。この関数をxで微分して符号を正にした関数は,確率密度関数と呼ばれる量ですが,分布関数と確率密度関数では,ベキの指数が1だけずれることに注意する必要があります。

ベキ分布は,フラクタルと密接なつながりがあります。フラクタルは,拡大しても縮小しても同じように見える幾何学的な構造ですが,それを分布という視点で見るとベキ分布になるのです。例えば,先に示した[図1]のシルピンスキーのギャスケットの場合,大小さまざ

[**図2**] ベキ分布の概念図。
小さな値をとる確率が高く，大きな値をとる確率はゆっくりと減少する。

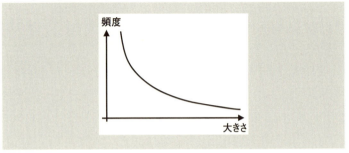

まの白抜きの三角形の面積の大きさ分布を観測すると，ベキ分布に従っていることが確認できます。確率・統計の分野では釣鐘のような形の正規分布が最も代表的ですが，ベキ分布はこれとは大きく異なる特性を持っています。[図2]に示した概念図のように，ベキ分布では小さな値をとる確率が最も高く，大きな値ほど実現確率は小さくなります。正規分布では，平均値に分布の山の中心があり，そこから標準偏差の2倍以上離れた値をとる確率はおよそ5％程度，標準偏差の6倍以上離れた値をとる確率はおよそ100万分の1と急速に小さくなり，それよりも大きな値をとるような確率は事実上0とみなすことができます。それに対し，ベキ分布では，大きな値をとる確率はゆっくりと小さくなる性質があり，桁違いに大きな値であっても，その発生確率を無視することはできません。

[図3]は，ドル円市場における為替レートの変動のグラフです。一番上の13年分の変動の一部を拡大したグラフ，さらに，その一

[**図3**] ドル円為替レートの変動。
13年間のドル円レートの推移（上），その中の1年間のレートの変動，さらにその中の1か月のレートの変動，その中の1日のレートの変動（下）。（T.Mizuno, S.Kurihara, M.Takayasu, and H. Takayasu, *Physica* A324（2003），296-302より転載）

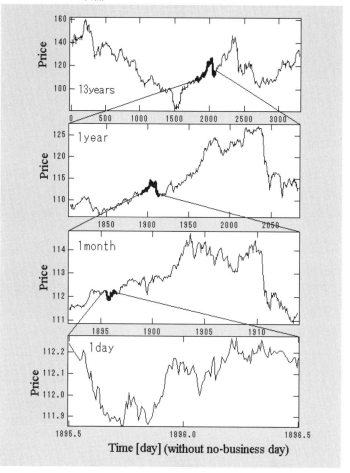

第5章 金融危機の数理

[図4] ドル円為替レートの1分間当たりの変位の分布。
(T.Mizuno, S.Kurihara, M.Takayasu, and H. Takayasu, *Physica* A324 (2003), 296-302より転載)

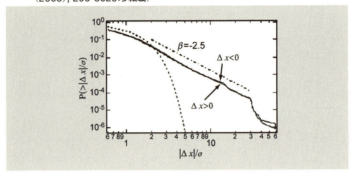

部を拡大したグラフ，そして，さらに，その一部を拡大した一番下のグラフも元のグラフと似たように変動しており，拡大しても縮小しても同じように見える性質であるフラクタル性が確認されます。[図4]は，ドル円レートの単位時間（1分間）あたりの変位の大きさの累積分布の両対数プロットです。縦軸の値は，任意に選んだ部分の変位が横軸の値以上の値をとる確率を表します。両対数プロットで直線的になるのはベキ関数の特性であり，このことからこの分布がベキ分布で近似でき，そのベキ指数はおよそ2.5であることがわかります。

このグラフでは，横軸の値は観測した期間を通して計測された標準偏差で規格化してあるので，例えば，6という値は，標準偏差の6倍の大きさの変位を表します。標準偏差の6倍は一般に6σ

（シックスシグマ）と呼ばれ，品質管理手法としてよく使われる用語です。正規分布であれば，6σ以上の変位が起こる可能性は10万回に1度もないので，不良の発生をそのレベルに抑えようという狙いです。しかし，市場価格の変動を表すこのグラフによれば，標準偏差の6倍以上の値をとる確率は，およそ1000分の1となります。このデータは，1分刻みで計測した分布であり，1日が1440分であることを考慮すると，およそ毎日1度くらいの頻度で6σ程度の大変動が発生していることになります。現実のデータでは，標準偏差の6倍以上の大変動の発生頻度は，正規分布と比べると，100倍も高いのです。

　また，このグラフからわかることは，さらに大きな標準偏差の20倍程度の変動までもがベキ分布にしたがって発生している，ということです。ちなみに，正規分布の場合には，標準偏差の20倍以上もの大変動が発生する確率は，0.000…と0が87個も続く数値となります。このような小さな確率の事象は，決して観測されることはないはずです。しかし，現実の市場ではそのような大変動が，1万分間に1度の頻度，つまり，平均的にはおよそ7日間程度観測するだけで見つけられることになるのです。ただし，実際には，大変動は引き続いて発生する傾向があるので，市場が平穏なときには，なかなかそのような大きな変動は観測できません。しかし，市場が荒れているときには，大変動が高い頻度で発生し，全体を均して見ると平均7日に1度程度になる，ということです。

　このように大きな変動が無視できないような頻度で発生するベキ分布という市場の特性は，ドル円市場に限られたものではありません。株式市場でも，国債市場でも，一般に自由に値付けして売り

[表1] ベキ分布に従う現象の例と累積分布のベキ指数

自然現象	ベキ指数	経済現象	ベキ指数
地震のエネルギー	0.6	市場価格の変位	2.5
脆性破壊破片の長さ	2.0	企業の売上	1.0
再帰時間の時間間隔	0.5	企業の従業員数	1.3
河川の流域面積	0.4	企業の取引相手数	1.4
血管の直径	2.3	金融機関の送金量	1.6
宇宙線のエネルギー	2.0	個人の所得	2.0
魚群の大きさ	0.5	個人の買物の支払額	2.0

買いをするような市場は，観測する限り，おおよそベキ分布で近似されるような性質を持っているのです。ただし，ベキ分布のベキ指数は市場によっても，また，同じ市場でも観測する時期によっても変わる傾向があります。特に安定した市場の状態が続いているときや，極めて市場が荒れているときには，ベキ分布では近似しにくいような場合もあることを注意しておきます。

　金融市場以外にもベキ分布にしたがうような現象はたくさん見つかっています。1980年代には，フラクタルの研究の大ブームが起こり，あれもフラクタルこれもフラクタルというような研究が科学のあらゆる分野で起こりました。そのような研究を通して，ベキ分布に従う現象も数多く見つけられました。[表1]には，ベキ分布で近似されるような現象の例を自然現象と経済現象に関してまとめてあります。身近な例で，最も典型的なベキ分布に従う例は，地震現象です。

　地震は，長い年月をかけて地殻に蓄積されたひずみのエネルギーが，断層面を通して連鎖的に解放される破壊現象の一種です。

地震の大きさはマグニチュードで表わされますが，マグニチュードは地震で解放されるエネルギーの対数を取った量です。マグニチュードが2だけ大きくなるとエネルギーは1000倍になります。例えば，マグニチュードが7の地震のエネルギーはマグニチュードが5の地震のエネルギーの1000倍，マグニチュード9の地震のエネルギーは，マグニチュード5の地震のエネルギーの100万倍にもなります。一方，マグニチュードが1だけ大きくなるごとに地震の発生頻度はおよそ10分の1になることがグーテンベルク・リヒター則という経験則として知られています。これらの特性を組み合わせると，地震のエネルギーの分布は，指数が2/3のベキ分布になります。

マグニチュードが7程度の地震は，日本近郊では，平均的には1年に1度程度の割合で発生しています。マグニチュード5の地震はおよそ100回程度発生します。話を簡単にするため，マグニチュードが5と7と9の地震だけを考えると，1年間の地震1回あたりの平均のエネルギーは，マグニチュード9の地震が起こらなければ，（1000＋100）/101≒10.9，となります。しかし，ここでマグニチュード9の地震が1度起こると，平均のエネルギーは，（1000000＋1000＋100）/102≒9815，となり，たったひとつのサンプルが増えただけで平均値は，約900倍にもなってしまうのです。データがあれば，平均値はいつでも計算はできます。しかし，その値がたったひとつのサンプルで大きく変化してしまうのでは，その値を信用することはできません。

ベキ分布に従う現象では，このような困ったことが一般的に起こります。より正確には，ベキ分布の指数によって，指数 α が1より小さい場合には，平均値も標準偏差も強いサンプル依存性を持ちま

す。指数が1と2の間の場合には,サンプル数を増加すると平均値は一定の値に漸近しますが,標準偏差は,母集団では発散するため,サンプル依存性を持つことになります。ベキ指数が2よりも大きな場合には,平均も標準偏差も有限の値になるので,理論的にはサンプル依存性があまりないことが期待されます。しかし,実際には,ベキ分布に従うような現象の場合には,大きな値が持続しやすいという時間方向の相関があるため,平均値も標準偏差もサンプル依存性を示すことが多くなります。

平均値や標準偏差にサンプル依存性があると,様々な問題が発生します。まず,保険のような仕組みが破綻します。保険とは,例えば,自動車事故の保険であれば,事故の発生確率と事故による損失額のデータから,自動車を1年間運転する人の事故による損失額の平均値を見積もり,それを基準にして保険料を算出します。そのとき,十分たくさんのデータを揃えれば,平均値が安定して見積もれるということが保険料を算定する上での大前提となります。したがって,平均値がサンプル依存するという状況では,保険料を計算する根拠が怪しくなるわけです。

平均値だけでなく,変数間の相関を計算する上でも,サンプル依存性は大きな問題となります。ふたつの変数,xとyの間の相関を定量化する相関係数は,次の式によって定義されます。

$$\frac{\sum_{j=1}^{N}(x_j - <x>_N)(y_j - <y>_N)}{\sqrt{\sum_{j=1}^{N}(x_j - <x>_N)^2}\sqrt{\sum_{j=1}^{N}(y_j - <y>_N)^2}} \quad (2)$$

ここで，Nはサンプル数，$<\cdots>_N$は平均値を表し，分母はそれぞれの変数の標準偏差となります。この値は，−1から＋1の間の値をとり，相関がない場合には0，そして，相関が強いほど＋1か−1に近い値をとります。この式からわかるように，平均値や標準偏差の見積もりにサンプル依存性があると，相関係数の値に誤差が含まれることになります。

　様々な分野で非常に広く使われている相関係数ですが，ベキ分布と関連して特に注意すべきことは，桁違いに大きな値をとるサンプルが含まれると，そのサンプルの寄与が大きく偏るという性質です。例えば，変数xと変数yの中に，それぞれのデータの標準的な値よりも100倍程度大きな値がひとつずつ含まれていたとすると，分子の中で，その大きな値同士の積は，標準的な他の値からの寄与よりも1万倍も大きな寄与を持つことになります。そのような場合には，相関係数の値は，大きな値をとるサンプルがどのように振る舞うかに依存して結果が大きく変わってしまうことになるわけです。

　経済現象には，ベキ分布に従う変動がたくさんあるので，特に，平均値や標準偏差，そして，相関係数の見積もりには注意が必要です。そして，その影響が大きく増幅され，社会に大きな影響を与えるのが，金融市場における金融派生商品です。

3 　　金融派生商品の光と影

　金融派生商品とは，デリバティブとも呼ばれていますが，金融工学によって大きく成長した金融商品で，多くの場合，保険のような

役割を持っています。例えば，金融派生商品の代表であるオプションとは，株などの市場価格変動が与えられたとき，将来のある時刻にその株をあらかじめ決めておいた値段で売買できる権利です。これを持っていると，保有している株が予想以上に下落した場合でも，約束しておいた価格で売ることができるので，損失を避けることができます。もしも，株を売ろうとしたときに，市場価格の方が決めておいた価格よりも高ければ，この権利を放棄して市場で売れば，想定していたよりも高い値段で売れるので，利益をあげることができます。

市場価格が上がった場合でも，下がった場合でも損することはなくなるので，一見いいことずくめのようですが，オプションを購入するにはお金がかかるので，その購入費分は確実なマイナスとなっているので帳尻が合うという仕組みです。簡単に言えば，株が暴落したような場合の事故に対する保険のような役割をになうのがオプションです。

オプションの値段を決めることは，未来の市場の価格分布を予想しなければならないので，そう簡単ではありません。そのため，そういうものがあったら便利で市場のリスクを減らすことができるとはわかっていても，昔は，オプションの売買はほとんどありませんでした。状況を変えたのは，1973年のブラック・ショールズのオプション公式の登場です。

ブラック・ショールズの公式とは，市場価格の変動が正規分布に近い変動をするという仮定の元で未来の市場価格の分布を計算し，それに基づいてオプションの適正価格を決める公式です。比較的単純な公式が与えられ，数学的にも確率論に基づいた証明も

完備され，信用が高まり，金融の実務でも使われるようになりました。適正な価格が公式からすぐに計算できる便利さと，金融市場の現場にいた誰もが悩んでいた金融市場のリスクを軽減させられるという夢がかなうということで，オプションの売買が盛んになり，オプションの計算の根拠を与える学問である金融工学にも脚光が当たりました。さらに，1997年には，この公式への寄与として，ショールズとマートンがノーベル経済学賞を受賞しました。

　もうひとつの代表的な金融派生商品に，債券に対するクレジット・デフォルト・スワップ（略称CDS）があります。債券とは，国が発行する国債や企業が発行する社債が代表的ですが，買う側から見れば，10年物の国債を買っておけば，10年後には元本に約束された金利について返ってくることになるので，長期の安定したお金の運用には最適です。CDSとは，このような債券に関する保険です。例えば，ある企業が発行した社債がデフォルト（債務不履行）になり，約束された金利や元本までが支払いしてもらえないような状況になるリスクを想定し，そのような場合に，CDSを売った金融機関がその支払いを肩代わりしてくれるというものです。債券は長い年月を隔てた約束事ですから，会社が倒産して社債が紙くずになるような大きなリスクがあるので，そのリスクを減らすためにCDSのニーズがあります。CDSを一緒に買っておけば，リスクのない安定した将来の収入が見込めるようになるわけです。

　リーマンショックの1年前，アメリカの土地バブルの崩壊で問題になったのが，サブプライムローンに関するCDSと，様々な債券を束ねてひとつの金融派生商品にした債務担保証券（CDO）です。住宅ローンも長期間にわたって約束された金利を含めた元本を返済す

る約束事ですから，ローンを貸し出す金融機関の立場から見れば債券の一種とみなせます。そして，その債券に対しても，保険に当たるCDSを設定できます。ただし，この場合には，会社の倒産に相当する個人の破産の可能性がもともと高いので，いかにハイリターンではあっても，ハイリスク過ぎてCDSを請け負ってくれる金融機関はそのままではほとんどありませんでした。そこで，新たな金融派生商品として，いろいろな債券を混ぜ合わせた債務担保証券が作られたわけです。

　債務担保証券は，国債などのデフォルトの可能性が低いが金利も低い債券と，社債などのデフォルトの可能性は無視できないが金利が中くらいの債券と，サブプライムローンのようにデフォルトの可能性がかなり高くその分金利が高い債券を，比率を決めて混ぜ合わせ，ほどほどのリスクで金利もまあまあ，というレベルに合成された証券です。そういう形に加工された証券は買いやすくなり，その証券が売れると結果的には，サブプライムローンのデフォルトに対する保険であるCDSにも寄与することになります。債務担保証券は新しいタイプの金融派生商品として，世界中の金融機関に大量に買われるようになり，結果として，サブプライムローンが普及し，アメリカの住宅製造の注文が増え，住宅価格も上がりました。

　さて，ここまでは，金融派生商品の光の部分です。金融派生商品の登場の前には，金融リスクを回避するよい方法はあまり用意されておらず，資産に余裕のある個人や企業が思い切ってリスク覚悟で運用するか，あるいは，リスクを避けて安全な運用だけに留まるケースが多く，金融市場にはあまり多くのお金は集まりませんでした。金融派生商品の登場によって，金融市場における様々なリス

クに対する保険の仕組みが出来上がり，投資家も金融機関も安心してリスクをとることができるようになり，金融市場全体が活況になったわけです。

このように金融派生商品は，世界経済に大きな寄与をしてきたのですが，非常に大きく暗い影も付随しています。それを説明するために，まず，オプションの問題から議論しましょう。

オプションは，先にも述べたように未来の市場の価格の分布を想定し，そこからオプションを売った場合の損失額とその発生確率を掛けて期待値を計算し，その値を基準としてオプションの価格を算定します。ブラック・ショールズの公式は正規分布を想定して価格を決める公式であると言いましたが，現実の市場価格の変動は，ベキ分布の特性が強く，サンプル依存性も高いわけです。ベキ分布の裾野の部分を無視して未来の価格を予想するということは，正規分布よりもはるかに大きな変動を無視しているということになります。系統的にそのような欠点があるため，ブラック・ショールズの公式は，リスクを過小評価していることになり，結果として，オプションを売った側が大きな損失を被る可能性が高くなります。例えば，株が暴落したとき，ある価格で株を買い取る約束をした場合には，暴落した株価と約束した価格との差額を支払わなければならないからです。通常よりも桁違いに大きな変位が発生した場合には，その損失も桁違いになるわけです。

保険は一般に少しの掛け金で，小さな確率の大きな損失を補填する仕組みです。補填される金額の平均値がちょうど掛け金と一致していれば，損得なしになるのですが，平均値の見積もりが甘いと，保険は，リスクを減少させるものではなく，過大な利益を期待させ

るギャンブル的な側面が強くなります。オプションにもまさにそのような性質があります。リスクの見積もりが現実と合わないオプションは，小さな掛け金で大きな利益を得られる可能性があるハイリスクハイリターンのギャンブルとなってしまうわけです。

　ベキ分布の裾野を無視して大きな損失を出した典型的な事例は，ノーベル経済学賞を受賞したショールズとマートンが参加したヘッジファンド，LTCM（ロングターム・キャピタル・マネジメント）社の大失敗です。LTCM社は，1994年にこのヘッジファンドを創設し，当初は，年間40％を越える驚異的な利益率で資金を運用し，さらに多くの投資を得て，急成長しました。市場が安定している間はそれでよかったのですが，1997年にアジア通貨危機が発生して，金融市場が大変動を起こすようになり，1998年には，6σレベル（100万年に3回程度）と想定していたロシアの国債のデフォルトまでが発生し，取り返しのつかない大損害が生じ，事実上破綻しました。

　LTCM社の責任者だったメリウェザーは後に，「相場の暴落に対して保険を掛けるのは間違いだ，なぜなら，保険の契約相手自身が暴落を引き起こすことができるからだ」という発言をしたそうですが，市場の暴落は意図して起こせるものではありませんから，これは，悔し紛れの発言と捉えるべきでしょう。LTCM社の直接の失敗の原因は，ベキ分布に従うような大変動の発生の可能性を軽視していたことにあり，マンデルブロの言葉を借りれば，嵐になると沈んでしまうような豪華客船を作っていたことを反省すべきだったのです。

　もうひとつの金融派生商品である債務担保証券は，2007年，アメリカの不動産バブル崩壊後，大きく信用を失いました。ハンバー

グの挽肉の中に腐った肉が混じっていたら，たとえそれがわずかだとしても，ハンバーグ自体が食べられなくなるのと全く同じ理由で，あっという間に債務担保証券は，誰も買わない金融派生商品になってしまい，価値を失ったのです。そのことも原因のひとつとなり，リーマン・ブラザーズ社が倒産し，世界経済は大混乱に陥りました。ここでの問題は，数理的には，ベキ分布の問題というよりは，相関の問題です。通常は，異なる債券の価値はそれぞれ独立に決まりますから，複合した債券の価値はそれぞれの価値の和によって評価されます。しかし，債務担保証券のような形で一体化した債券の場合には，理論的に計算した場合のような価値の和ではなく，むしろ，構成要素の中の最低のものの価値が全体の価値を支配してしまうという非常に強い相関が働いたわけです。こうなることを予想できずに，都合のいいときだけのことしか想定しないで金融派生商品を売買していたために，リーマン・ブラザーズ社も倒産の憂き目にあったのです。

　この問題に付随して注目されたのは，格付け会社の存在です。格付け会社とは，債券などの信用の度合を，全く問題がない最高位（AAAなど）から，リスクが高い（Bなど）までに何段階かに分類し，わかりやすく評価して公開している企業です。これらの企業は，それぞれ独自に，個々の企業や国家の実情を精査した上で，債券の支払い能力を判断しランク付けしています。一般の投資家は，いちいち投資先を独自に調査することはできないので，格付け会社の判断を信じ，安定志向ならAAAを，ハイリスクハイリターンを狙うならBを選ぶというような形で，分散投資しているのが現状です。格付け会社の評価が正しければ，問題はないのですが，アメリカ

のバブル崩壊の前には,サブプライムローンを含んだような債務担保証券を,単純に独立な債券の和として評価して,潜在的なリスクを完全に見逃した評価しかしていなかったのです。その評価をうのみにした多くの投資家が,安全な債券として債務担保証券を購入し,バブル崩壊後に大きな損を出すことになりました。

　格付け会社の評価方法が甘かったのは,第一には,金融工学の手法をそのまま信じてしまったことです。平静時には独立に変動する債券のリスクは,危機のときには全てが連動するような強い相関を持ちます。そのような観測事実を無視して,市場が安定しているときだけのデータを使って債券のリスクを評価したために,危機になったときには,全く役に立たないランキングになっていたのです。

　格付け会社の評価が甘くなったことに関しては,もう一つ理由があると言われています。それは,厳しい格付けをすると格付けをされた会社や投資家から嫌われ,甘い評価をしている別の格付け会社の人気が高くなってしまうということです。格付け会社は民間企業であり,人気がなくなると経営が難しくなるので,結果的に,評価を緩くしてしまうプレッシャーがかかることになります。元来,格付け会社はそのようなプレッシャーに負けることなく公正に判断することは大前提で,その上で,数理的な解析手法の妥当性が考慮されるのですが,その大前提が破綻していた可能性があるわけです。これは,民間企業が格付けをするという社会の構造そのものに問題があるということになりますし,アメリカでは,格付け会社を告訴するという形で,この構造の問題に取り組んでいます。

　もう一つの金融派生商品CDSに関しても,大きな問題が潜在しています。これは,もしかすると,次に起こるかもしれない金融危

機と密接な関係があります。CDSは,例えば,日本国債のデフォルトリスクを避けるための保険として売られているわけですが,その保険が機能するのは,日本政府の財政が破綻して国債の元本も返せなくなったような状況です。それが何年後で,どのような社会情勢になっているのかを想像することは難しいですが,国が破綻したような状況の中で,CDSを販売した金融機関は全く健全財政で,国債の支払いの肩代わりを約束通りに実現できるとは,とても思えません。リーマン・ブラザーズ社の倒産よりもさらに桁違いに大きな大変動である国の倒産が起こった状況なのですから,おそらく全ての金融機関は生きるか死ぬかの瀬戸際のはずです。しかし,一方,CDSの価格は,過去10年やせいぜい30年の動向のデータから金融工学の手法を用いて企業や国家の破綻確率を算定しています。例えば,バブル崩壊の前と後では経済状況は大きく異なっていますし,そもそもベキ分布に従うような大変動に満ちた経済データからどのように見積もったとしても,そのようなサンプル依存する結果を,これから10年後の世界に適用すること自体が疑問です。

このようにCDSには大きな問題が内在しているのですが,さらに不思議なのは,CDSの取引額が世界中のGDPの総和を超えるような金額,例えば,6000兆円,という金額にまで達しているということです。しかも,CDSの売買契約は,多くの場合,金融機関同士で相対契約しており,公平な第三者が値動きを監視したり,あるいは,過剰に保険を掛けるようなことに関する規制のような制約がほとんど機能していない状況なのです。GDPは,1年間に新たに生産される価値の総額なので,年収のようなものですから,それよりも保険金額が多いのは別に問題ではないという考え方もありま

すが，日本の国家の年間予算である100兆円をはるかに超えるようなお金の契約が世界中の金融機関間で取り交わされており，その価格の値付けの根拠が数理的には非常に心もとないのが現状なのです。

投資家として名高いバフェットは，CDSを金融大量破壊兵器と呼び，注意を促しています。投資家はリスクをチャンスにすることで収益を得ているわけですが，金融機関が連鎖的に破綻するような状況になってはチャンスの作りようもない，ということです。

リーマンショックでは，世界中の主要国が国のお金を金融機関に投入して危機の伝播を食い止めることができました。しかし，主要国は日本を筆頭に，どこの国でも国家の赤字が累積し，常識的には返済できるレベルを越えてしまっています。そのような国家レベルの不安が余計にCDSの販売を促進しているという皮肉な状況になっているのです。

4　対策：市場変動観測所

金融工学は，金融派生商品という魔法の杖を産みだし，金融機関に大きな利益の源泉を産みだしました。何もないところから作りだした金融派生商品が価値を持ち，それ自体が売買できるということは，事実上，お金を新たに刷っているのと同じ状況です。お金を刷ることができるのは国だけ，というのが常識かもしれませんが，新たな金融派生商品を作り，それが売れれば，それだけお金が増えるわけですから，実質的には，金融機関が国よりも大きな

お金を作り出しているわけです。

しかし，金融機関が作り出したお金は，本当のお金とは異なり，信用を失うとあっという間に価値がなくなるような特性を持つものであるということはアメリカのバブル崩壊と債務担保証券の事例から学んでいます。大きく膨れたようでもあっという間に消えてしまうようなものでなく，もっと着実な形で経済を発展させることはできないものでしょうか？

これに対する答えはまだありません。確実な答えがあれば，世界中で競って導入しているはずです。今用意できるのは，答えに向かうと期待される方向性です。

本章で解説したように，まず，経済現象全般を解析するための数理を素直に見直す必要があります。ベキ分布で近似できるような現象を扱う数理では，平均値や標準偏差という最も基本的な量がサンプル依存性を持ち，そのために，解析結果がサンプル依存する可能性が高いことを十分に認識する必要があります。物質に関する解析では，平均値や標準偏差に基づく定量化が非常に有力でしたが，経済現象の場合には，平均値を使ってもよいのかというレベルから考え直す必要があるわけです。

そこでまず必要になるのは，ある限りの経済データを集め，サンプル依存性や偽相関などの影響も十分に配慮した上で，それらのデータを丁寧に分析することです。このような学術的な作業をきちんと実施するためには，天体観測所や気象観測所や地震観測所のような形での，市場変動観測所が必要であると考えています。では，どのような情報を観測する必要があるでしょうか？

世界経済の背骨と言われる外国為替市場だけでも，数十ペアの

通貨間の取引があり，千分の1秒刻みで時系列データが生じています。株式市場は，東京証券取引所で取引されている株がおよそ3400銘柄あります。国債の金利などを決めている債券市場の情報は住宅ローンの金利などとも関連があると言われており重要です。原油価格や小麦などの商品市場も社会に大きな影響を及ぼしているのは確実です。また，取引額が非常に大きな金融派生商品市場のデータも無視するわけにはいきません。これらを合わせると，日本周辺の重要そうなものだけをピックアップしても，およそ1万種のリアルタイム型の市場データが必要になります。これらのリアルタイム型のデータにプラスして，失業率や日銀短観のように定期的に発表されるような時間軸上では粗いデータも当然考慮しなければなりません。さらに，世界中を視野に入れるとこの100倍程度のデータが必要となるでしょう。

　従来，これらの金融市場のデータは，個人や企業の利益のためのデータ解析は行われてきましたが，目先の利益のためでなく，社会全体の長期的な利益のために，学術的な視点から網羅的に観測することはまだ実施されていません。すぐに目先の応用を狙うのではなく，じっくりと本当の市場の変動の特性を観測し，分析することが必要です。

　では，1万種もの時系列データをリアルタイムで観測し分析することは技術的に可能なのでしょうか？　1秒刻みで1万種の市場からの取引価格が流れてくるとすると，情報量としては，毎秒1メガバイト程度の量になりますが，これは，動画データなどと比べると情報量が小さく，インターネットでも十分に送受信できる情報量です。それぞれの時系列を分析するための計算量を考慮しても，1テラ（10^{12}）

フロップス程度の処理能力のある計算機を用意すれば，実現可能です。この程度の計算機ならば，千万円以下の予算と小さな部屋にラックを並べる程度の場所があれば，用意できます。肝心のデータは，金融市場のデータを提供する専門の会社があり，相応の契約料を支払うことでデータをリアルタイムで配信してもらうことができます。つまり，市場変動観測所は，作ろうと思えば，すぐにでも作れる環境にあるのです。

　観測したデータは，全て保存し，後世の研究に活かすような体制を整えておくことも重要です。蓄積されたデータをどのように分析して何を読み取るか，新たな解析手法が誕生すれば，データから読み取れることも新しくなるはずです。従来の，平均や標準偏差に基づいた解析ではなく，サンプル依存性の少ない，普遍的な市場の特性や本当に重要な相関関係を明らかにすることができるようになるかもしれません。また，現象を記述する数理モデルを構築し，シミュレーションをした結果を現実のデータと突き合わせてみることも必要になります。

　最近，アメリカでは，銀行を規制するためのいわゆるボルカールールを作ることが進められています。2008年のような金融危機を繰り返さないためには，まず，銀行がリスクの大きい危ないことに手を出さないようにする必要がある，という考えに基づいています。具体的には，銀行がリスクの高いヘッジファンドなどに投資することや，短期的な利ざや稼ぎのための証券の売買やハイリスクの金融派生商品取引の禁止などが盛り込まれています。しかし，総論賛成，各論反対に陥っており，具体的にどの取引を禁止すべきか，という点では判断ができない状況になっています。それもそのはずで，

本来金融商品のリスクを計算することを仕事としている格付け会社のランキングは，先に述べたように過去に大きな問題を起こし，今も，そこから完全に脱皮しているとは言えないからです。このような状況を打開するためには，やはり，できる限り多数の市場を観測し，そこから間違いなく導出できる分析結果を，利害関係なしに判断するような中立的な組織が必要となるのです。

5　おわりに

　金融市場のデータ解析というと，それだけで，利益追求のための研究というイメージが強く，また，実際にそのような利益目的の研究もこれまで多かったため，意外なほど学術的な研究は浅い歴史しかありません。金融工学は大きな学術的な体系を作っているのですが，理論先行型で金融派生商品を販売することを目的として推進されてきているため，都合の悪いデータは無視する傾向があり，金融危機などにおける異常な市場の状態に対してはほとんど無力です。平均値という誰でも当たり前に使っている量自体に問題があるという数理科学の基盤に関わる重大な問題を乗り越えない限り，本当の金融危機でも役立つような現象数理は構築できません。きちんとデータを観測して分析し，現象と整合する数理モデルを積み上げていくという地道な作業の繰り返しが，安定した金融市場を実現するという目的を達するための最短の道であると考えます。

第6章
タイル貼りの数理
——位相的結晶学序論

砂田利一

Mathematics allows us to understand the true nature of things by liberating us from the spell of the real world.

T. Sunada, *Topolosical Crystallography*

1 　序

　2011年は，ヨハネス・ケプラー（Johannes Kepler：1571-1630 [**図1**]）が「新年の贈り物，あるいは六角形の雪について（Strena Seu de Nive Sexangula）」という，後の時代の自然科学と数学に大きな影響を与えることになる眇たる冊子（[1]）を出版してからちょうど400年の記念すべき年であった[1]。ケプラーと言えば，何と言っても惑星の運行に関する3法則で有名であるが，太陽系のような巨大な「サイズ」の現象ばかりでなく，現代結晶学に発展していく微小な世界にも目を注いでいたのである[2]。もちろん双方とも，当時の時代を反映して，「神のなせる業」を見出すという，神学的な発想があるのだが。

　筆者の専門である幾何学は，実はケプラーよりさらに時代を遡る古代ギリシャの数学者の結晶の形に対する好奇心にその源泉がある。あくまで伝説上のことであるが，三平方の定理の発見者として有名なピタゴラスは，結晶の形への興味から「正多面体」の概念を見出したと言われている[3]。この伝説にはいくばくかの根拠がある。ピタゴラスが生まれ故郷のサモス島から移住したイタリア南部は，黄鉄鉱（パイライト）という結晶を産出し，その形がほぼ立方体，正八面体，正十二面体になっているからである。紀元前3世紀，さま

[図1] ケプラー

[図2] 正多面体

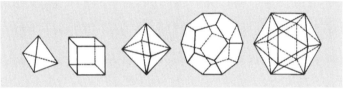

ざまな幾何学の定理を発見したピタゴラス学派[4]の影響下で編纂されたと言われるユークリッドの『原論』は，その最終巻である13巻を「正多面体（[図2]）は，正四面体，立方体，正八面体，正十二面体，正二十面体の5種類存在し，他には存在しない」という定理の証明に費やしている[5]。

　ケプラーの上記のパンフレットを除外すれば，結晶と幾何学のつ

[図3] ダイヤモンド結晶（WebElements [http://www.webelements.com/]）

ながりは19世紀まで絶たれることとなった。幾何学が，自らの問題意識を醸成し，結晶の問題から離れて「自己運動」を始めたからである[6]。そして，ようやく19世紀に至って，結晶の対称性を記述するのに適した数学的概念，すなわち群の概念が定式化され，それが19世紀後半に結晶学者（J. F. C. Hessel, A. Bravais, A. Gadolin, L. Sohncke）により適用されるようになったのである。さらに1912年にラウエ（Max Theodor Felix von Laue）によるX線解析により，結晶が秩序ある原子の配列からなっていることが確かめられ，翌年にはラウエの方法を改良したブラッグ父子によりダイヤモンドの結晶構造（[図3]）が明らかにされて，結晶学は新しい局面に入ることになる。とはいえ，幾何学と結晶学の結びつきは再び弱まることとなった。この理論と実践の二つの分野が再び本格的に協働し始めたのは，1980年代になってからである（[2]）。点と線からなる1次元図形である**グラフ**の理論が結晶学に応用され始めたのである[7]。

筆者は幾何学者ではあるが結晶学者ではない。結晶に対する筆者の興味は，結晶学とはまったく無縁の，どちらかと言えば純粋数学に属する問題の研究から始まった。それは，周期性を持つグラフ（結晶格子）上のランダム・ウォークの漸近的性質の研究であった（[3]）。その途上，結晶学者も重要視する「結晶構造の数え上げと，その

デザイン」につながる位相的結晶理論に行き着いたのである[8]。

[図4] オイラー

本論説では，この方面に深く立ち入ることはしない（興味ある読者は，筆者による［4］か，最近出版された［5］を参照してもらいたい）。ここでは，現代幾何学の代表的理論であるトポロジー（位相幾何学）への入門を兼ねながら，2次元結晶[9]に関連する話題である「タイル貼り」について解説し，位相的結晶理論の序論にしようと思う。

2　トポロジー

長さや角を扱うユークリッドの「硬い」幾何学に対して，トポロジーは図形の「柔らかい」性質を調べる分野である。柔らかい性質というのは，図形を曲げたり伸ばしたりしても変わらない性質，言い換えれば「連続変形」の下で不変な性質のことである。互いに連続変形で移りあう二つの図形を，「位相的に同じ」という言い方をする。

トポロジーの発祥は，オイラー（[図4]）による「ケーニヒスベルクの7つの橋の問題」の解決（1736年）と，凸多面体の頂点，辺（稜），面の数に関するオイラーの公式（1750年）にある[10]。「橋の問題」は別の言い方では「一筆書きの問題」であり（[図5]），一筆書きが可能

[**図5**] 七つの橋の問題

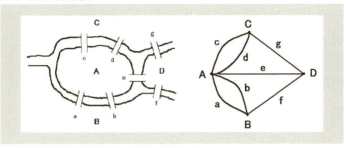

なための条件をオイラーが見出したのであった。これは後にグラフ理論に発展していく[11]。一方, 凸多面体に対するオイラーの公式は, 頂点, 辺, 面の数をそれぞれ v, e, f とするとき, $v-e+f=2$ が成り立つということであり([**図2**]の正多面体の場合に確かめてもらいたい), この右辺の2の意味が明らかになったのが, リーマン(B. Riemann)とポアンカレ(H. Poincaré)による19世紀後半のトポロジーの勃興のときであった(位相幾何学の歴史については[6]を参照されたい)。

さて, 後の準備のため, オイラーの公式を見直してみよう。これからは多面体というときには, 凸なもののみを考え, さらにその内部は考えずに表面の部分(頂点, 辺, 面)を意味することにする。多面体はトポロジーの立場からは球面と「同じ」であることに注意しよう(すなわち, 多面体を連続変形して球面にできる)。また, 凸多面体から面(の内部)を取り除き, 頂点と辺のみからなる図形を考えると, これはグラフになる。これを多面体の**1-骨格**とよぶことにする。例えば, 四面体の場合, 1-骨格は[**図6**]の右側にあるグラフである。

[図6] 四面体とその1-骨格

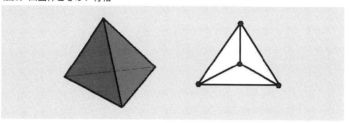

　逆に四面体は，このグラフに四つの三角形を適当に「貼り合わせて」得られるという言い方ができる。下世話に言えば，貼り合わせるというのは，それぞれの三角形の辺をグラフのどれかの辺に「糊付けする」ということである。

　今述べたことは一般の多面体でも同じである。こう考えると，オイラーの公式は，次のように言い換えることができる。

定理2.1　（オイラーの公式の言い換え）　頂点の数がv，辺の数がeのグラフに，f個の多角形を貼り合わせて球面ができたとき，$v-e+f=2$が成り立つ。

　さて，球面は閉じた曲面の例である。［図7］は閉じた曲面（ただし裏表のある場合）をリストアップしたものである。球面の隣にあるのは，「穴[12]」が1つあるドーナツの表面，数学では**トーラス**とよばれる曲面である。では，上の定理で，球面をそれ以外の曲面で置き換えたときにはどうなるだろうか。その答えは次の定理で与えられる。

第6章　タイル貼りの数理

[図7] 閉じた曲面

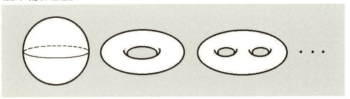

定理2.2 （一般のオイラーの公式） 頂点の数がv，辺の数がeのグラフに，f個の多角形を張り合わせて穴がg個の裏表のある閉じた曲面ができたとき[13]，$v-e+f=2-2g$が成り立つ。特に，トーラスができたときには，$v-e+f=0$である。

次節で見るように，この定理のトーラスの場合がタイル貼りの問題に関係している。

注意 $v-e+f$は曲面のオイラー数とよばれる。裏表がない曲面で$v-e+f=0$を満たすものは，クラインの壺とよばれる曲面である。これを空間の中で作ろうとすると，自己交差が避けられない（[図8]）。

3 周期的タイル貼り

[図9]の左側はポーランドのある町（Zakopane）の舗道の写真であ

る。これを注意深く観察すると，二つの独立な方向に舗石が周期的に敷き詰められていることがわかる。図の中央に描かれた格子模様は，この周期性を表している。すなわち，この格子模様のどの平行四辺形（これを基本平行四辺形という）をとっても，その中に同じ模様が見られる。

[図8] クラインの壺

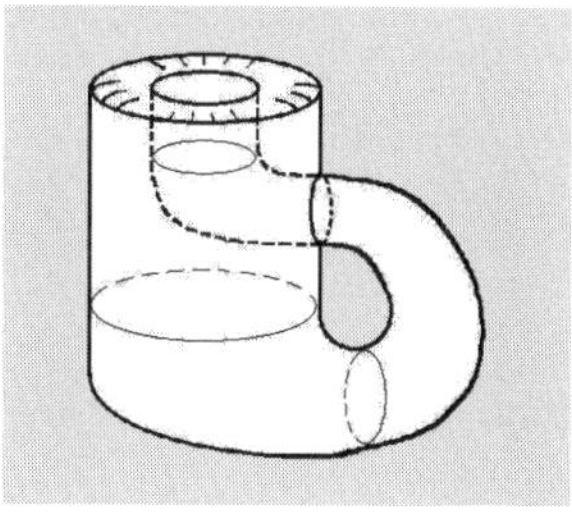

舗石をタイルと考えれば，舗道はタイル貼りになっていると言ってよい。このようなタイル貼りを周期的タイル貼りという（あるいは衒学的に周期的平面充塡とか，テセレーション（tessellation）という）。

さらに，周期的に現れる舗石を分類すると，図の右側に描かれた三つの舗石を得る（言い換えれば，この三つの舗石を平行移動させたものたちで平面を埋め尽くすことができる）。一般の周期的タイル貼りの場合も，有限個のタイルを周期的に配置した形になっている。これらのタイルを**基本タイル**とよぶことにしよう。

タイル貼りの問題の歴史は古い。装飾としてのタイル貼りは，モザイク模様の特別な場合として，古くはバビロニアや古代ローマ，そしてビザンチン，イスラム諸国などで用いられている[14]。近年では，オランダの芸術家エッシャー（Maurits Cornelis Escher; 1898-1972）が，さまざまなタイル貼りの版画を制作したことで知られる。数学としては，（伝説上）最初にタイル貼りの問題に関わったのはピタゴラスである。彼は1種類の正多角形をタイルとするタイル貼りは三種類（正

[図9] タイル貼りの例

方格子,三角格子,六角格子⁽¹⁵⁾)しかないことを証明したと言われる([図10])⁽¹⁶⁾。

正方格子と六角格子に対する基本タイルはそれぞれ一つであり,三角格子の基本タイルは二つであることに注意しよう(三角格子の場合,すべての三角形は合同であるが,平行移動で移りあうものは2種類である)。

さて,周期的タイル貼りにおいて,3本以上のタイルの境界線が集まる点(結節点)を考えると,各タイルはこれらの結節点を頂点とする多角形と位相的には同じものと考えてよい。例えば,[図9]のタイルはすべて六角形である。

4 タイル貼りの位相型の有限性

タイル貼りの問題は,対称性の観点から研究されることが多いが,ここではタイル貼りの位相的性質に焦点を絞ることにする。

[図10] ピタゴラスのタイル貼り

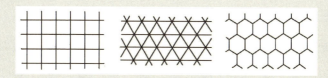

周期的タイル貼りにおいて，その基本平行四辺形を取り出そう。そして，[図11]の右側にあるように，まず一対の対する辺を糊付けして円柱を作り，さらにこの円柱の境界に現れる二つの円周を糊付けする。その結果，トーラスが得られることは見やすいであろう。

さて，基本平行四辺形の中でタイルたちの境界線が作る模様も込めてトーラスを作ると，トーラスの中の（有限）グラフが得られる。このグラフをタイル貼りの**底グラフ**とよぶことにする。タイル自身はどうなるかというと，トーラスの中の面に移り，面の数は基本タイルの数と等しいことがわかる[17]。すなわち，基本タイルを使ったトーラスのタイル貼りが得られるのである。さらにトーラスは，基本タイルである多角形の辺たちを，底グラフの辺に糊付けして得られることになる。よって，基本タイルの個数をf，底グラフの頂点と辺の数をそれぞれv, fとすれば，定理2.2により$f = e - v$という等式が得られる。

[図12]で底グラフと糊付けの仕方の例をお見せしておこう（この例では，基本タイルの個数は2である）。右側の二つの多角形の辺を真ん中のグラフの辺に，アルファベットと向きが一致するように糊付けするのである。

[図11] 基本平行四辺形からトーラスを作る

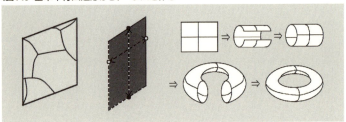

　先に述べたことの逆のプロセスを考えよう．有限グラフに，いくつかの多角形を糊付けしてトーラスが得られたとする．このトーラスを（その中にあるグラフも考慮に入れながら）[図11]で説明したプロセスの逆を行って，平行四辺形(長方形)に切り開く．この平行四辺形を基本平行四辺形とするように格子上に並べていけば，平面のタイル貼りが得られる．

　すなわち，位相的に考える限り，平面の周期的タイル貼りと，トーラスのタイル貼りは同じことなのである．

　この論説の主定理を述べよう．

定理4.1　基本タイルの個数がfであるようなタイル貼りの位相型は有限個しか存在しない．

　証明は容易である．基本タイルの個数がfであるようなタイル貼りの底グラフになるようなグラフは有限個の可能性しかない．実際，このグラフの頂点の数をv，辺の数をeとすると，$e-v=f$であるから，

[図12] 底グラフと辺の糊付け

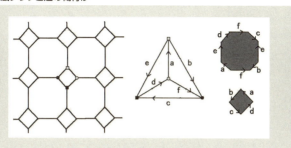

$e-v$ の値が決まる[18]。一方，頂点（結節点）x に集まる辺の数を $d(x)$ として（ただし，x を端点とするループ辺については，2個集まると考える），すべての頂点 x にわたって $d(x)$ の和を取ると，辺が2回数えられることになるから，この和は $2e$ になる。$d(x) \geq 3$ であることに注意すれば，不等式 $3v \leq 2e$ が得られる。これと $e = v + f$ から e を消去すれば，$v \leq 2f$ が得られ，さらに $e \leq 3f$ が成り立つことがわかる。よって f が予め与えられると，頂点と辺の個数は上から押さえられるから，底グラフとなり得るグラフの数は有限である。

次に，基本タイルはトーラスの面に対応していることを思い出そう。基本タイルを多角形と考えたとき，その辺の個数は高々 $6f$ であることを見よう。もし，$6f$ より大きい数 N の辺を持つ基本タイルが存在したとする。このタイルの辺は，底グラフの e 個ある辺のどれかと糊付けされているから，底グラフの辺で，タイルの N/e 以上の個数の辺がそれに糊付けられるものが存在する[19]。ところが $2 \leq 6f/e < N/e$ であるから，3以上の個数の辺が1つの辺に糊付けされることになって，

これは矛盾である（グラフの1つの辺に3個以上糊付けされると曲面にはならない）。

こうして，f が与えられると，可能な底グラフと基本タイルたちは有限に限られ，糊付けの方法も有限であるから，トーラスのタイル貼りの仕方は位相的には有限であり，従って定理が証明されたことになる。

基本タイルの個数が1つのタイル貼りは，位相的には正方格子か六角格子しかない。個数が増えれば，当然タイル貼りの方法の数も増えていく。個数が少ないときのタイル貼りの分類は面白い問題である。例えば $f=3$ の場合，底グラフとなりうるのは[図13]のようなグラフである。

注意 概念や定理の結論が少々曖昧と思われる読者のために，もう少し詳しい表現を与えておこう（数学の素養を仮定する）。

タイル貼りを表すのに記号 T を用いる。周期的タイル貼りは，平面 $\mathbb{R}^2$ のある格子群 L で不変なタイル貼りである[20]。L を T の周期格子という。L の取り方は一意的ではないので（例えば L の部分格子群に関しても T は不変である），周期的タイル貼りを表すときは，T と周期格子 L の対である (T, L) という記号を用いることにする。(T, L) の2つのタイル D, D' は，$D' = D + \sigma$ となる $\sigma \in L$ が存在するとき同値であるという。タイルの同値類の数は有限であり，それぞれの同値類から代表を選んで，$D_1, D_2, \cdots, D_f$ とするとき，これらを基本タイルという。

2つの周期的タイル貼り (T_1, L_1)，(T_2, L_2) について，

(1) $\varphi(x+\sigma) = \varphi(x) + \psi(\sigma)$, $(x \in \mathbb{R}^2, \sigma \in L_1)$,

(2) $\varphi(T_1) = T_2$.

[**図13**] $f=3$ の場合の底グラフ

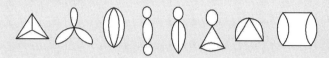

を満たす同相写像 $\varphi : \mathbb{R}^2 \to \mathbb{R}^2$ と同型写像 $\psi : L_1 \to L_2$ が存在するとき，(T_1, L_1) と (T_2, L_2) は同相，あるいは同じ位相型を持つという。

　[**図9**]で与えたタイル貼りは，実は六角格子と位相型が同じである。ただし，この六角格子の周期格子は，[**図14**]の右側の矢印が表す二つのベクトルで生成される格子群である。

　平面のタイル貼り (T, L) は，トーラスのタイル貼りと同じことであると前に述べたが，そのトーラスは，平行四辺形を曲げたり糊付けしたりして作ったこともあり，あまり「綺麗」な感じがしない。幾何学的に自然な構成法では，このトーラスを L の $\mathbb{R}^2$ への平行移動作用による商空間 $\mathbb{R}^2/L$ として定義する。このように見ると，ユークリッド平面 $\mathbb{R}^2$ の性質が遺伝することで $\mathbb{R}^2/L$ には「局所的」にユークリッド幾何学が成り立つ曲面（平坦トーラス）の構造が入り，タイル貼りはこの平坦トーラスのタイル貼りになる（ただし，この平坦トーラスは3次元空間には実現されない）。

[図14] 図9と同じ位相型を持つタイル貼り

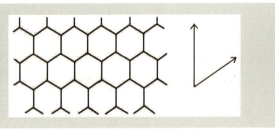

5　結び

本論で解説したことは，決して目新しい内容を含んではいない。リーマンやポアンカレらにより19世紀後半に創られていた「道具」を使ったお手軽な「遊び」である。とは言え，位相幾何学と結晶学を結びつける位相的結晶理論の性格をある程度は体現している。周期的タイル貼りは，2次元結晶構造の特別な例となっているからである。

トポロジーの進んだ道具であるホモロジー論や被覆空間の理論を使うことにより，結晶構造を数学的に表現し，しかも分類することが可能になる。さらに，「離散幾何解析学[21]」という，20世紀後半から発展してきた大域解析学の離散類似を併せて用いることで，「目に見える」系統的な「結晶デザイン」が可能になるのである。

一方，この結晶デザインで使われる概念や方法は，代数的グラフ理論や最近発展しつつある「熱帯幾何学(tropical geometry)[22]」に密接に関連し，2次元結晶の場合は複素2次曲面上の有理点（正確

には虚2次体の数で表される点)に関係がある([7])。まさに理論科学(数学)と実践科学の交差点となっているのである。

最後に,位相的結晶理論の副産物として筆者が「発見した」ダイヤモンドの双子のCG image([図15])をお見せして,この拙い論説を終えよう[23]([8])。

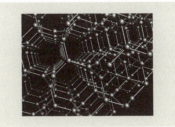

[図15] ダイヤモンドの双子(作成は砂田佳代)

註

(1)——このパンフレットは,1611年の新年の際に,ケプラーの友人でありパトロンでもあったJohannes Matthäus Wackher von Wackenfelsに献呈された。この中で,ケプラーは同じサイズの球体を最密に詰め込む方法について予想(ケプラー予想)を提出しており,これが解決されたのは1998年である(Thomas Callister Hales)。

(2)——ケプラーは,紀元前5世紀にLeucippusとDemocritusにより主唱された「原子論」に直接言及はしていないが,文脈から物体が微小な物質から構成されていると考えていた節が見られる。

(3)——正多面体の定義は次のようなものである。
  (i) 各面は正多角形であり,それらはすべて合同である。
  (ii) 各頂点で,同じ数の辺(稜)が集まる。

(4)——イタリア半島の南端の植民都市クロトンに開いた学園(正確には「彼岸的神秘的」宗教的集団)では,幾何学,算術(数論),天文,音楽が主要科目であった。

この学園に属していた人々をピタゴラス学派という。
(5)――紀元前360年頃に著されたプラトンの対話篇『ティマイオス』によれば，正多面体の分類を最初に行ったのは，プラトンと同時代のテアイテトスである。『ティマイオス』が正多面体に言及した最初の文献ということもあって，正多面体をプラトン立体ということがある。
(6)――アレキサンドリアの数学者パップス(290-350)によれば，アルキメデス(287BC-212BC)が正多面体を一般化した準正多面体の概念を提出し，分類したということであるが，その著作は隠滅している。準正多面体の概念と分類はケプラーにより再発見された(1619年)。
(7)――分子構造にグラフの概念が使われるようになったのは19世紀であるが，結晶構造の理想的モデルが無限グラフということもあって，時間がかかったと思われる。
(8)――結晶学と数学の間の「言葉遣い」の違いから，結晶学者は数学ですでに用意されている概念を知らずに，自ら言葉を作っている。コミュニケーション不足は他の科学分野間でも起きており，この問題を解消する努力が必要である。
(9)――現実的結晶はほとんど3次元であるが，グラフェンのような2次元結晶も存在する。グラフェンは蜂の巣の形をした炭素からなる結晶である。
(10)――トポロジーという用語は，リスティング(1808-1882)による(1847年)。それ以前は「位置の幾何学」とよばれていた。位置の幾何学を最初に提唱したのはライプニッツ(1646-1716)である(しかし具体的問題を扱ったわけではない)。
(11)――オイラーはグラフの概念を表立っては提案していない。グラフという用語をはじめて用いたのは，シルベスター(Sylvester)である(1878年)。
(12)――数学では「種数」という。
(13)――位相幾何学では，これを曲面の胞体分割と言う。
(14)――アルハンブラ宮殿のモザイク模様は有名である。
(15)――蜂の巣格子ともよばれる。
(16)――ケプラーもタイル貼りの研究を行っていた(1619年)。
(17)――正確に言えば，トーラスから底グラフを除いたときの連結成分が面である。
(18)――$v-e$はグラフのオイラー数である。
(19)――これはいわゆる鳩ノ巣論法(あるいは抽斗論法)である。一般にn個の抽斗にN個のものを入れれば，どれかの抽斗にはN/n以上の個数のものが入っていなければならない。この論法は，$N=n+1$の場合にディリクレにより数論の問題に適用された(この場合は，2個のものが入った抽斗があることになる)。簡単な論法ではあるが，意外と高度な結論が導かれることが多い。
(20)――格子群とは，1次独立な2つのベクトルの整数係数1次結合で表されるベクトル全体からなる加法群である。

(21)——[9]参照
(22)——この奇妙な名称は，パイオニアの一人であるブラジルの数学者Imre Simonに敬意を表して付けられた。
(23)——「ダイヤモンドの双子」の結晶構造は，1933年にFritz Lavesが仮想的結晶として発見している。筆者は，この構造がダイヤモンド結晶と似た対称性を持つことを見出し，さらにこれ以外には存在しないことを証明したのである(1995年)。

参考文献

[1]——ヨハネス・ケプラー（榎本恵美子・訳）「新年の贈り物，あるいは六角形の雪について」『知の考古学』，第11号，1977年，276-296頁。

[2]——S. J. Chung, T. Hahn, and W. E. Klee, Nomenclature and generation of three-periodic nets: the vector method, Acta. Cryst., A40 (1984), 42-50.

[3]——M. Kotani and T. Sunada, Albanese maps and an off diagonal long time asymptotic for the heat kernel, Comm. Math. Phys. 209 (2000), 633-670.

[4]——砂田利一，『ダイヤモンドはなぜ美しい？―離散調和解析入門―』，シュプリンガー・フェアラーク東京，2006年

[5]——T. Sunada, Topological crystallography ―With a View Towards Discrete Geometric Analysis―, Surveys and Tutorials in the Applied Mathematical Sciences, Vol. 6, Springer, 2012.

[6]——砂田利一，『現代幾何学への道―ユークリッドの蒔いた種―』，岩波書店，2010年

[7]——T. Sunada, Standard 2D crystalline patterns and rational points in complex quadrics, arXiv:1212.5755v2 [math.CO] 6 Jan 2013.

[8]——T. Sunada, Crystals that nature might miss creating, Notices Amer. Math. Soc., 55 (2008), 208-215.

[9]——T. Sunada, Discrete geometric analysis, Proceedings of Symposia in Pure Mathematics, (ed. by P. Exner, J. P. Keating, P. Kuchment, T. Sunada, A. Teplyaev), 77 (2008), 51-86.

第7章
折紙技術の工学への応用

萩原一郎

1　はじめに

　折り紙は我が国の伝統文化の一つである。小さい頃に折り紙に触れなかった者はいないと言っても過言ではないだろう。一枚の紙から鶴やウサギ，犬や自動車，物いれや花などさまざまな形状を作り出す折り紙は，色紙を使うと見た目にも美しく，日本の伝統的な手工芸として広く世界に知られている。Origamiはそのまま英語となっているくらいだ。

　しかし，これらの折り紙を工学に利用するためには，安価に金属材料などで成形でき，適切な強度・剛性などの機能を有することが必須である。あまり語られることはないが，関連製品までを含めるといまや世界中で数兆円もの富を生むまでになったハニカムコア（蜂の巣のように正六角形または正六角柱を隙間なく並べた構造）は，終戦直後，英国の技術者によって発明された。これは我が国の七夕飾りがヒントになったという説もあり，我が国の科学・工学研究者はこの事実を真摯に受け止めなければならないだろう。これは我が国では折り紙や切り紙を伝統的に遊びとしてしか捉えてこず，学術的観点から折り紙の本質を解明する努力を怠ってきたためと考えられる。我が国の先端技術の一つであるロボット工学は江戸期のからくり技術がそのもとになると言われる。伝統技術は一見，ローテクのようでも，学術的な手と工学的な努力が加わることで先端技術に変貌する場合が多い。折り紙／切り紙技術も先端技術に脱皮させ得る，あるいは脱皮させねばならない残された伝統技術の一つといえないだろうか。

　このような観点から，野島武敏氏（明治大学MIMS客員研究員）は

高らかに2002年11月に「折紙工学」を提唱した[1]。筆者はこれに深い感動を覚え，2003年4月に日本応用数理学会に「折紙工学研究部会」を設けた。2008年度に科学技術振興機構(JST)のサイトに，日本の科学技術の紹介のコーナーが設けられた。そこで折紙工学が日本応用数理学会の部会で推進されていることが紹介されている(1)。

さて，現在折り紙はどのように利用されているだろうか。

2013年7月20日のNHK「ニュース7」では，自動車のエネルギー吸収材としての折りや新しいソーラーパネルとしての折り畳み構造の可能性が紹介された。折り畳みのビール缶や机等もすでに販売されている。これらに共通しているのは，折り紙の展開収縮機能が利用されていることである。

一方，ハニカムコアは，蜂の巣の形状を思わせる。蜂の巣の形状が重量当たりの曲げ剛性が最も高そうだということはギリシャ，ローマ時代からわかっていたが，第2次大戦直後，上述のように，英国のエンジニアによって，［図1-1］に示すような，現在のコルゲート式，展張式の二つの大量生産方式に繋がる成形法が考案されて以来，さまざまなところで利用されるようになった。例えば，ロケットが打ち上げられる際，エンジンから発射される爆発的な騒音が地面に反射してロケットの壁を揺らし，その振動によって室内の衛星が破壊されるのを防ぐため，壁面にハニカムコアが貼付される。これは折り紙の軽くて強い特性を活かしたものである。同様に後述の，空間充塡幾何学を利用して開発したトラスコア（四面体と八面体で空間を充塡した構造）は，重量当たりの剛性が通常の平板より6, 7

[図1-1] 七夕飾りとハニカムコアの二つの製造法

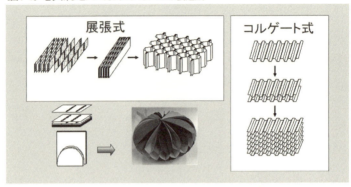

[図1-2] 相模原市役所別館屋上に据えられたトラスコア製太陽電池パネル

倍高く、ソーラーパネルも軽量ですむため、それを支える軒先などには補強が不要で、安価にソーラーパネルの設置が可能となる。[図1-2]に相模原市役所別館屋上にソーラーパネルとして利用された様

子を示す。このようにハニカムコアやトラスコアでは，軽くて強いという折り紙の特徴が利用されている。

　以上，折り紙の産業応用には，折り紙の展開収縮機能，あるいは，軽くて剛い，という特性を最大限生かす努力がまず必要となる。以下，筆者は自動車会社にいたこともあるので，自動車への適用という観点から，自動車の車体構造に要求される要件を詳述し，展開収縮機能を利用した折紙工学関連を第2節に，軽くて強い特性を利用した折紙工学を第3節で述べる。

2　折り紙の展開収縮機能の利用
―自動車のエネルギー吸収材への利用の試み―

2-1　折り紙構造を自動車のエネルギー吸収材に利用しようと考えた経緯

　今でこそ日本の自動車メーカーは強力だが，1970年前後は雰囲気的には，まだまだGMやフォードの後を追いかけている状況であった。ただ，米国政府にとっては，やたら日本車が米国内を走りまわっていると見えたのだろうか，あるいはここらで歯止めをとも考えたのだろうか，米国の大型車に対し日本の小型車にとってより厳しい衝突の安全基準が1967年に設けられた。小型車にとってこのような安全規準を満足することは難しく，日本車は米国から撤退するだろうとも言われた。それは，時速48kmのスピードで剛壁に衝突した時，ハンドルの付け根の後方移動量が127mm以内でなければならないというものである。前面衝突するとエンジンは必ず後方移動し，客室に突っ込んでくる。前部構造で衝突エネルギーを十分に吸収できなければ，エンジンの後方移動速度はそれだけ速

くなり，客室とエンジンルームの境界（ダッシュ）の下側にあるハンドルの付け根はエンジンで後方に押しやられ，ハンドルがドライバーの胸部に衝突し，障害を与えることになる。このエンジンの後方移動速度を抑えるには，車両前部のエンジンルーム内の構造の変形で衝突エネルギーを極力多く吸収させる必要がある。前部構造は，車体，エンジン，シャシーからなっているが，エンジンやシャシーは堅くて変形しないので，前部構造の車体の変形でエネルギー吸収をさせる必要がある。車体は建築構造物と同じで，パネルと柱（自動車用語でメンバー）からなっていて，メンバーは軽量化のため，空洞の矩形断面からなっているので簡単に折れ曲がるが，軸方向の圧潰にはあんがい強いという特徴がある。この特徴を利用した車軸方向に走る左右の2本のサイドメンバーと称される柱が，いわば前面衝突時の命綱となっている。衝突すると車両先端部は折り重なるように大変形し，シミュレーションも難しいと思われるが，このサイドメンバーの変形モードを制御して，乗員の傷害を軽減しようとするのが車体の設計思想ということになる。サイドメンバーでできるだけエネルギー吸収させようとすると，サイドメンバーは極力真直材が良いわけだが，エンジンなどはエンジンルーム内のメンバーに懸架されているため，先端部は客室フロアより高くなっており，途中から客室の下側に沿わせていく構造となっている。いずれにしても真直部が長く，上述の安全規準が設けられた後で，真直部材の動的実験や静的圧潰実験が世界中で盛んに行われた。この実験結果をもとに，日本の技術者が，それまでクリアすることが困難とされていた安全規準を満たすシミュレーションモデルを見事に開発した[2]。このときベースにしたのは [図2-1] に示すマス－バネモデ

[図2-1] 衝突解析モデルの変遷—マス-バネモデルからシェル有限要素モデルへ

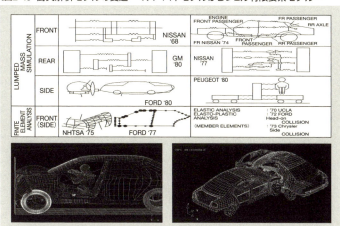

ルで，メンバーを非線形バネ，エンジンのように変形しないパーツをマス（剛体）とし，複雑に変形する車両から必要なところだけ強調したモデルを作ることにより成功したわけである[2]。

ところが一難去ってまた一難，この後，衝突の安全規準は，側面衝突や後面衝突，オフセット衝突まで拡張され，簡単なマス-バネのモデルでは対応ができなくなった。幸いなことに，シミュレーション技術として有限要素法（FEM）が，またハードウェアとしてスーパーコンピュータがここに登場してきた。これらは［図2-1］の三角形要素，四角形要素からなるシェル要素モデルで振動や剛性では威力を発揮したが，衝突シミュレーションは容易に成功せず，ようやく欧米の解析システムが1985年前後に登場したことでシェル要素に

[図2-2] サイドメンバーの概念図

よる衝突シミュレーションが成功した。欧米に先んじられたのは，このような衝撃問題は軍事研究で最優先のテーマであったため，研究者の層が日本より圧倒的に厚かったことも影響したと思われる。急に可能となったので，最初は関係者の間でも驚かれたが，筆者はすぐにシステムの中身を調べ何故成功したかをまとめている[3]。いくつかの数理からの逸脱によって成功したものであること，その代償として，通常ならば［図2-3］の右図に示すように，一定間隔長さで圧潰していくが，左図に示す，力学的にはあり得ないアワーグラスモードと称される砂時計のような変形モードがモデル化によっては出ること等を整理し，上述の留意すべきモデル化法を独自に見つけ，精度のよい衝突解析を最初に行った。ここで注意したいのは，きちんと実際に現象に合う場合，数学の枠組みを広げると，説明が可能になり，新しい数学理論が誕生するということで，複素数やフーリエ級数，またFEM自体も，当時の数学の枠組みを逸脱した

[**図2-3**] アワーグラスモードの例

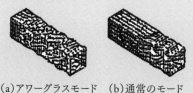

(a) アワーグラスモード　(b) 通常のモード

ために最初は必ずしも肯定的に捉えられなかったという経緯もある。

このシミュレーション技術を使うことで、サイドメンバーのエネルギー吸収の現象を明確にするなど多くの発見が得られた[4]。それを[**図2-4**]に示す。車のメンバーは軽量化のため、同図(i)に示すように中空となっている。これは、ハット形にプレス成形したものと平板とをスポット溶接したもので、縦横を同図のようにa, bとすると、ちょうど上から、$\frac{a+b}{2}$長さごと（弾性座屈の場合はこの長さであるが、塑性座屈の場合はそれより短くなることも得られたが、詳細は略。ここで弾性座屈とは、最初に座屈箇所が発生した際、塑性域が未だどこにも発生していない場合）に順番に提灯のように、潰れていけばエネルギー吸収特性が良いことがわかった。そのような潰れモードが得られるよう、まさに逆転の発想でわざと$\frac{a+b}{2}$長さ間隔で切り欠き（同図の潰れビード）を設けることで、優良な特許となった。同図(iii)では、潰れビードの効果を示している。ビードがないとき、必ずしも$\frac{a+b}{2}$の整数倍のところで座屈が生じるとは限らず、そのようなところで座屈が生じるとそのままそこで曲がってしまいエネルギー吸収量が格段に減ること

[**図2-4**] 現行サイドメンバー先端部, 潰れビード外観図, ビードの効果

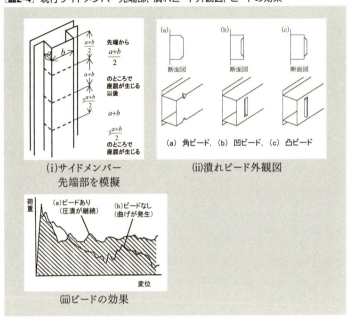

(i) サイドメンバー先端部を模擬

(ii) 潰れビード外観図

(iii) ビードの効果

を示している。

一方, 潰れビードの効果で確実に$\frac{a+b}{2}$の整数倍のところで座屈が生じると, 周期的な変形モードが続き, 良好なエネルギー吸収量が得られる。この仕様で車両の衝突特性は満足させることができた[5]。荷重変位特性も同図のように周期的になっているが, 初期のピーク荷重が高くなっていることに気づかれるだろう。これが時に乗員に厳しい状況を与えることもある。また, このようなクラ

ッシュゾーンはできるだけ潰して衝突エネルギーを変形エネルギーで吸収させたいが，自らの嵩張りのため，現行のメンバーでは，自長の7割程度しか変形しない。この二つの課題を解決すべく折り紙を利用したらどうだろうかという考えに至った。ようやく折り紙の登場である。

2-2 反転螺旋型折紙構造の利用⇒展開収縮機能折り紙の利用にあたって

今や世界標準語のOrigamiが自動車のような大量生産システムにのった例は，これまでハニカムコアのみである。確かにミウラ折りがアンテナに利用されたとか，折り畳みの机があるよとか，三宅一生氏の折紙衣装だとかはあるが，自動車に利用されたということはない。自動車に採用されるには，一品ごとの手造りではコスト的に見合わず，ハニカムコアのように大量生産方式の開発が必要となる。野島武敏氏によって考案された展開収縮構造の中から自動車のエネルギー吸収材として使用できそうなものを選び，所期の機能を持ちしかも大量生産方式の開発に至った経緯を述べてみる。

まず折り畳み可能な円筒のモデル化に注目してみよう。二次元の平らな紙から三次元にしてなおかつ折り畳める条件を求める必要がある。一枚の紙は二次元であるが，例えば単純に左右両端を糊でつければ三次元構造ができあがる。しかし，折り畳むことはできない。折り畳めるためには螺旋状に折ることが必要である。植物の弦等，すべての動植物は螺旋状で伸び縮みしていることでも理解されよう。

ここで少し難しいかもしれないが，折り紙の平坦折りの理論につ

[図2-5] 帯板上の折り線の配置図

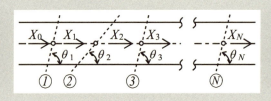

いて述べておこう。

[図2-5]のような帯板をN回折る場合,折り線(①,②…)とX軸とのなす角をθ_1,θ_2…θ_N ($0 \leq \theta_i \leq \pi/2$)とすると,折れ曲がった後の同図に示す$X_i$軸と$X_0$軸とのなす角$\Theta_i$は次のように表せる[6]。

$\Theta_1 = 2\theta_1$
$\Theta_2 = 2(\theta_1 - \theta_2)$ (2-1)
⋮

したがってN回折れ曲がった後のX_N軸とX_0軸とのなす角Θ_Nは,次式を満たす。ここにNは偶数である。

$\Theta_N = 2\{\theta_1 - \theta_2 + \theta_3 - \cdots - \theta_N\}$ (2-2)

すなわち

$\Theta_N = 2\pi$ (2-3)

を満たすように折り線の角度を決めれば,折り畳み後の平面は閉じ,筒状になる。

式(2-3)は,完全に折り畳んだ状態で展開図の左右両端がつながる条件である。しかし,所期の構造を作るには,完全に折り

[図2-6] 折り畳み可能な円筒の展開図

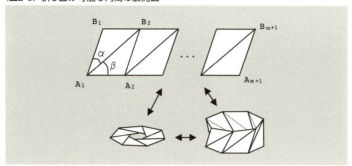

畳まれた平面だけでなく立体をも構成する必要がある。以下で，その条件を求める。

ここで平行四辺形$A_1A_2B_2B_1$が，横方向にmユニット（$m \geq 3$）並んだ展開図を考える。このとき，折り畳み可能となる角度は，式(2-3)から

$$\alpha = \pi/m \qquad (2\text{-}4)$$

となる。[図2-6]の三角形$A_1A_2B_2$に着目する。完全に折り畳んだ状態では，点B_2は角度にかかわらず，辺A_1A_2を正m角形の一辺とし，それに外接する円上にある。その円を鉛直上向きから見ると[図2-7]のようになる。この三角形の頂点A_1，A_2を円上に固定したまま，頂点B_2を上方に起こしていくことを考える。このとき，この展開図が立体を構成するには，頂点B_2が再度同じ外接円上の点B_2'にくる必要がある。つまり，両端点R_1，R_2を除いた弧R_1R_2上に頂点B_2があるとき，この展開図は立体を作ることができ，かつ平面に折り畳む

第7章 折紙技術の工学への応用　191

[図2-7] 円上の三角形$A_1A_2B_2$の配置

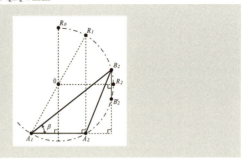

こともできる。そのための角度の範囲は次のようになる。

$$\pi/4 - \pi/2m < \beta < \pi/2 - \pi/m \qquad (2\text{-}5)$$

頂点B_2が弧R_0R_1上にある場合は，折り線が維持されないため，立体を構成できても折りたたむことはできない。

以上，この円筒折畳構造を鋼板で造り，[図2-3]のエネルギー吸収材に持ち込もうとした。円筒折畳構造をCAD化し，3次元プリンターで試作すると，[図2-8]左端に示すように，板厚が薄いと容易に角のところで破断が生じた。そこでCADのサブディヴィジョンという折り線や角に丸みを持たせる手法を使用した様子を[図2-8]に示す。丸みを持たせる意味は成形上のこともあるが，折り紙のままだと把持の際痛みを感じるし，また外観品質の上でも有利である。

[図2-9]に示す6折り線折り紙の円筒殻構造がある。3段まで構築した円筒折紙構造を[図2-10]に示す。同図(i)は同じ向きに重ねたもので，同図(ii)は反転させながら重ねたものである。[図2-6]でN

[図2-8] 角の箇所で破断が生じる様子と丸みを与えるサブディヴィジョン法で得られる形状

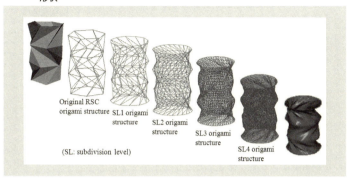

[図2-9] 立体図（ここではN=6）

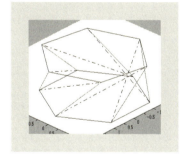

[図2-10] Reverseの違い
（(i):反転しない, (ii):反転する）

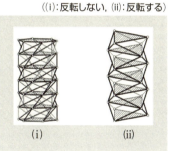

=6とすると，6角形の円筒殻となり，同図の α は30度となる。β は式(2-5)を満たすように選ぶ。軸方向段数，正多角形断面辺数，サブディヴィジョン回数などを設計パラメータとし，現行メンバーよ

[**図2-11**] 理想的な荷重−変位特性を与える反転螺旋型円筒折紙構造

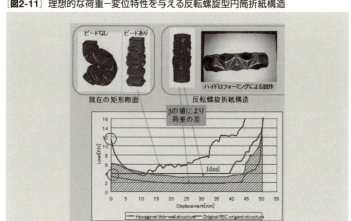

り重量が軽いという条件下で吸収エネルギーを最大化する条件で最適化した結果を[**図2-11**]に示す。同図に示すように、折り紙の最適化構造では、最初のピーク荷重は下がり、折り畳み構造のため、自長の90％以上潰すことができ、現行の1.5倍のエネルギー吸収量が得られた。また、各段ごとに螺旋の向きを変えてやると反転しながらエネルギー吸収するため、圧潰するのに要する時間も長くなる。通常の衝突は0.001秒のオーダーとまさに一瞬で終了するので、少しでも衝突時間が長いと傷害値は軽減される方向となる。一方で、上述の設計パラメータの組み合わせ次第で、荷重を下げることができるのも強みである。さらにハイドロフォーミングによる大量

生産方式も開発し,それによって得られた製品を同図右端上に示す。

このように素晴らしい所期の性能が得られたが,課題は,成形コストである。金型内に管材を装着した後,内圧と管軸方向の押し込みによって金型形状に沿わせる加工法であるハイドロフォーミングの場合,通常のプレス成形よりも成形コストがかさむので,まだ本格的な採用はされていない。しかし,そのポテンシャルは見いだせたので,今後につながってゆくだろう。

3　折り紙の軽くて剛い性質を利用——トラスコアパネルの開発

3-1 ── 新しいコア材の必要な状況

省資源の時代にあたり,軽量で高剛性のサンドイッチパネルの需要が,近年著しく拡大している。これは,Recycle（再生利用）,Reduce（減量）,Reuse（再使用）のいわゆる環境保全の3Rのうち,Reduce（減量）に大きく貢献するもので,安価なサンドイッチパネル用芯材としては,古くから各種発泡剤や波板等が利用されている。[**表3-1**][7]は現在市販されている代表的なサンドイッチパネル用心材を,表面材に対する支持形式から分類したものである。

まず発泡材に代表される均質な材料を用いた均質支持型のコア材が挙げられる。航空機用サンドイッチパネルのコア材としては最も古いバルサなどの木材もこれに含まれるが,これらのコアパネルは圧縮強度が弱い欠点がある。均質支持以外の構造支持型のコア材としては,主に包装材や断熱材に用いられているカップ型コア

[表3-1] サンドイッチコア材の分類[7]

均質支持型	構造支持型		
	カップ型コア等の部分支持型	一方向支持型	二方向支持型
バルサなどの木材，発泡材，など圧縮強度が低い	包装材や断熱材せん断性が低い	波板やダンボール芯材コルゲートと垂直な方向に対する性能が低い	ハニカムコアのみ量産化．しかしハイコスト

等の部分支持型，波板やダンボール芯材に見られる一方向支持型が挙げられる。これらのコア材は塑性加工や折り曲げ等を用いて低コストで製作可能であるが，それぞれ対せん断性が低い，コルゲートと垂直な方向に対する性能が低い等の問題があり，利用される分野は限られている。二方向支持型のコア材はこれらの問題を解決できるが，量産化されているのはハニカムコアのみである。ハニカムコアも糊付けのため，熱に弱く，コストも高い。さらに曲げ加工が困難なので，増大する軽量化ニーズに応えることができないと考えられる。各種ハニカムコアに代表されるように，これまで開発された二方向支持型コアパネルのほとんどは角柱あるいは円柱の集合体の形状をしている。これは従来研究の多くが角柱型のセルをいかに成形するかという材料や成形法に焦点を当てた研究に留まっているためである。また新しい形状のコアパネルが考案さ

[**図3-1**] 人工物や自然の構造に見られるタイリングパターンの例
((a) 測地線ドーム (b) 蜜蜂の巣)

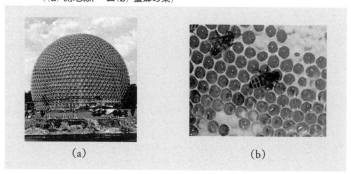

れた場合でも，その形状に対する幾何学的な考察や体系化がなされることはほとんどなかった。これらに共通する問題は，形に対する視点の欠如であると考えられる。既存の枠組みに捉われない新しい軽量コアパネルを創製するためには，材料や成形法に関する研究を行う前にコアパネルの形そのものに対する研究が不可欠である。

このような観点から，新しい軽量コアパネルを創製するにあたり，古典的な幾何学に立ち返ることが必要となる。例えば，周期性，対称性という幾何学的性質を利用した平面，空間図形のパターン群が，その神秘的な美しさだけでなく，優れた構造的，機械的性質を持つことは，はるか以前より蓄積されてきたさまざまな模様の中に伺える。例えば，[**図3-1**] (a) の米国の建築家バックミンスター・フラーが設計した建築物はその如実な例だし，[**図3-1**] (b) の蜂の

巣等に見られる幾何学模様は，生物が進化の過程で優れた特性を取り入れてきた結果である。

以上のように，オクテット・トラス（四面体と八面体の空間充塡構造の枠組みだけ残し，面は削除したトラス構造）やハニカムコアが優れた構造として広く普及しているのは，形の周期性，対称性という幾何学的性質が，工学的な構造の強さや加工の単純さとして具現化されているためである。板厚やトラスの太さを無視し，幾何学的な形だけを見ると前者は正四面体と正八面体からなる空間充塡形，後者は正六角形による平面充塡形が原型となっているが，これらはともに正多角形から構成される周期図形である。

これら二次元，三次元の周期図形は，他にも様々なパターンが知られており，そのすべてが非常に大きな工学的利用可能性を秘めていると考えられる。どのような図形が平面，空間を隙間なく充塡できるのかという問題は，ケプラーが最初に研究したと言われているが，本研究では，これら多くの幾何学図形を分類解析し，コアモデルの「形」として利用することによって，既存の角柱型のコアモデルとはまったく違う，独創的なコアモデルの開発を目指す。これは新しいコアパネルの「形」を考える上で幾何学的なパターンを原型とすることのみならず，これらの優れた周期性，対称性を工学に積極的に応用するものである。そのためまず平面／空間充塡幾何学について復習し[7]，そのあと，筆者らが平面／空間充塡幾何学の産業化への試みを紹介しよう。

3-2 ── 平面充塡幾何学

平面をある図形によって周期的に埋めていく方法には，実際に

[図3-2] 正多角形による11種類の一様充塡形

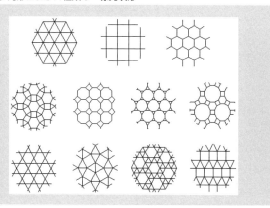

は無限のパターンが存在する。これは壁紙やタイリング，あるいはエッシャーの絵画等で数え切れないパターンを目にしている限り自然に感じられることである。しかし，幾何学的な知見をもとに様々な一般化を行うことによって，これらの無限のパターンを分類，整理することが可能である。例えば周期性だけでみると，この世に存在するすべてのパターンはたったの17種類に分類できることが知られている。またすべてのタイルが多角形であり，その形も限られた種類しか使用できないとするならば，平面上で一つの点に集まる角度の和が360度でなくてはならないため，可能なパターンは有限な数になる。さらに正則（regular：すべての要素が正多角形）かつ一様（uniform：すべての頂点の状態が同一）であるならば，許されるパターンは[図3-2]に示す11種類のみである[7]。これらの正則性，一様性

という幾何学的性質は，コアパネルへの優れた周期性や対称性を与え，それに伴う成形性や加工性の向上が期待できるため対象もまず11種類に絞られた。

3-3 ──── 空間充塡幾何学

　立体によって空間を隙間なく充塡していく方法は空間充塡形として整理されている。ここでは，［図3-3］に示す1種類か2種類の正多面体と準正多面体によって構成される周期的，一様な空間充塡形を対象とする。ここで準正多面体は，正多面体の4つの条件，（1）すべての面が正多角形である，（2）一種類の正多角形からなる，（3）各頂点のまわりが合同である，（4）各辺のまわりも合同である，のうち，「（2）一種類の正多角形からなる」の条件だけを外したものである。同図の中で正四面体と正八面体による空間充塡形は稜線だけ取り出すと，数多くの建築構造で利用されている強固な構造であるバックミンスター・フラーのオクテット・トラスと同じ構造となる。また頂点の配列は最密充塡構造である面心立方格子状に配列されており，この空間充塡形は構造として非常に安定性の高いものである。また正四面体と正八面体は，共に正三角形のみからなる正多面体であるから，このモデルは形状の単純さと安定性を兼ね備えた優れた構造体であると考えられる。パネル片を二枚貼り合わせることで空間充塡形の一層を製作する新しいコアパネルを創製することとした。特に四面体と八面体の空間充塡構造物をオクテット型トラスコア（以下，トラスコア）と称する。トラスコアには［図3-4］に示すように，それぞれ正四面体，正八面体の半分を，三角形及び四角形のグリッド上に並べた構造のタイプⅠ，及びタイプⅡを考案して

[図3-3] 1種類か2種類の正多面体と準正多面体によって構成される周期的，一様な空間充填形

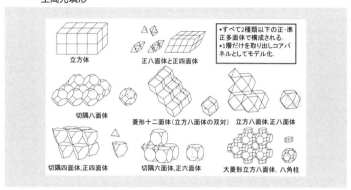

[図3-4] 逆さにしたパネルに置き頂点でつなぐトラスコアの基本形[7]
（タイプⅠ; 四面体系の窪み。タイプⅡ; 半八面体系の窪み）

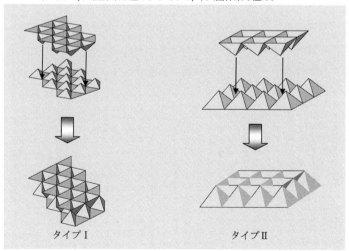

いる。これらの多面体は単独で空間を充塡できないため、一枚だけのパネル片は不安定な構造で、薄いときにはフレキシブルであるが、[図3-4]のようにそれぞれを上下から対抗させると、パネルの間に連続的に八面体、四面体形の中空部が形成されることにより空間充塡形が構成され、安定構造となる。タイプⅠ、タイプⅡのパネルとも、二枚を対抗させ稜線を合わせることではじめて剛性の高い安定な構造になる。表面に見られるタイリングをもとに考えると、[図3-4]下段に示されるようにこのコアパネルは対向させた二つの正充塡の多角形の頂点同士を角錐状に結んだ形状として見ることができる。

3-4 ── 平面／空間充塡形と折り紙

トラスコアパネルの特徴は、凹部を設けた同形のパネルを二枚貼り合わせる簡便な製作方法にある。基本モデルにおいて凹部形状は四面体及び八面体、表面パターンは正三角形及び正四角形の正充塡形となっており、対向させたときに凹部同士の稜線が一致し、上下のパネルの間に空間充塡形を形成することでハニカムコアと同様の二方向支持型を実現している。しかしプレス加工と貼り合わせで二方向支持型コアパネルを製作することを考えた場合、凹部形状として利用可能なのは四面体と八面体だけではない。

これらの手法で製作されるコアパネルの形状を一般化できれば、様々な形状を持つコアパネルを低コストで製作可能となり、多様なデザイン性に加え様々な機械的特性や音響特性、熱的特性等の機能特性まで含め、様々な工学的ニーズに応える汎用型のコアパネルが製作できるようになると考えられる。このためにはパネル片

の形状に対して，対向させたときに上下の凹部の稜線が一致する幾何学的な条件を明らかにする必要がある。非周期的なものまで含めて考えた場合，このようなパネル片には無限のパターンが存在するが，形状に対しいくつかの制限を加えることで幾何学的な問題として考えることができる。ここではトラスコアの発展モデルとして以下の条件を考える。1）凹部の配列は周期的である。2）凹部の形状はすべて合同である。3）同形のパネル片二枚を対向させたときに凹部頂点，稜線が一致する。

　さて，［図3-5］〜［図3-8］に示すように，空間充填の条件を保ちながらトラスコアの多くの発展系を得ることができる。ここでは，面離及び切隅の操作による発展系をまとめる。

〈1.面離パラメータ〉
　［図3-5］(a)，(b)はそれぞれ3-3型（3-3型の前の数字3は多角形の変数，後ろの数字3は一つの頂点に会する多角形の数）と6-3型モデルのパネル片表面の平面充填形と凹部の形状を表している。灰色で示してある三角形A，六角形Cは凹部底面であり，これらに挟まれた三角形B, Dに対向するパネル片の凹部頂点を一致させ貼り合わせることでコアパネルが製作される。点線は凹部をすべて四面体とした場合の基本モデルの底面（正三角形による正充填形）を表しており，この1辺の長さがセルサイズcとなる。3-3型の平面充填形は基本モデルの凹部底面の正三角形を重心の位置を変えないまま縮小することで得られ，この縮小した三角形の辺長aのセルサイズcに対する比を，新たに面離パラメータs（$=a/c$）として定義する。sを小さくするにつれて凹部の形状は角柱に近づき，$s=0.5$で三角柱A

[**図3-5**] 3-3型と6-3型のタイルパターン，面離パラメータの定義[8]

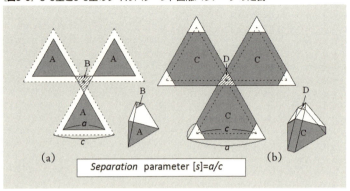

型となる（[**図3-6**]（b）→（a））。A型とは，正三角形と正六角形のアルキメデスの充填形。

　3-3型とは逆に，基本モデルの三角形を重心の位置を変えないまま拡大した場合，隣り合う三角形同士が重なり三角形Dができ，6-3型の平面充填形が得られる。3-3型と同様に，拡大した三角形の辺長aのセルサイズcに対する比を面離パラメータsで定義する。sの増加に従い三角形Dは拡大していき，$s=2$でコアモデルは三角柱R型となる（[**図3-6**]（c）→（e））。R型とは，正三角形による充填形。

　面離パラメータを導入することにより，3-3型，6-3型のすべての発展モデルを一つのsで表すことができる。[**図3-6**]に3-3型，6-3型モデルの例とそれぞれのsの値を示す。基本モデルは$s=1$となり，$0.5<s<1$が3-3型，$1<s<2$が6-3型となる。

[**図3-6**] 面離パラメータによる3-3型と6-3型の違い[8]

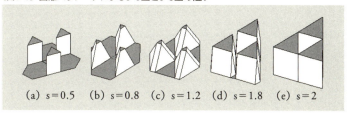

(a) s=0.5　(b) s=0.8　(c) s=1.2　(d) s=1.8　(e) s=2

〈2.切隅パラメータ〉

　6-6型発展モデルの形状は基本モデルや3-3型，6-3型の凹部の角を切り落とすことで得られる。これは表面の平面充填形に対し切隅と呼ばれる操作を行うことに相当する。3-3型を切隅した場合の平面充填形と凹部の形状を[**図3-7**]左図に，6-3型の場合を右図に示す。ここで，六角形A′, C′は1辺aの正三角形の3つの角を長さbだけ切り落とした形状をしている。切隅の割合を示すパラメータとして，図のように切り取られた角の長さbに対する元の正3角形の辺長aの比を切隅パラメータk（$=b/a$）で定義する。[**図3-8**]に$s=1$の6-6型モデルの形状がkによってどのように変化するのかを示す。kの増加に伴い凹部の形状は角柱に近づき，モデルは6-6型から六角柱型まで連続的に変化する。ある面離パラメータsを持つ6-6型モデルにおいて切隅パラメータkの値の範囲を求める。[**図3-7**]のように，六角形A′, B′の頂点e, f, gと六角形C′, D′の頂点e′, f′, g′を定めると，各点間の距離は，

$$\mathrm{ef} = (c-a)+b = (1-s+ks)c \tag{3.1}$$

[**図3-7**] 6-6型のタイルパターン，切隅パラメータの定義[8]

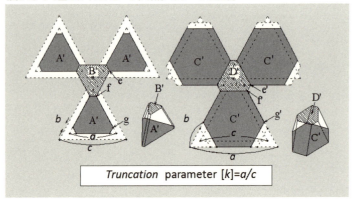

[**図3-8**] 切隅パラメータによる3-3型と6-3型の違い[8]

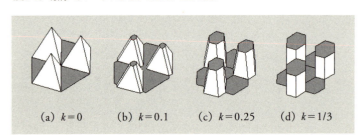

$$\text{fg} = a - 2b = (s - 2ks)c \qquad (3.2)$$
$$\text{e'f'} = b - (a - c) = (ks - s + 1)c \qquad (3.3)$$
$$\text{f'g'} = a - 2b = (s - 2ks)c \qquad (3.4)$$

で表される。まず底面が正三角形の3-3型は$k=0$となる。ここから切隅を進めると六角形A'とB'が同形となる点でモデルは角柱型となる。このとき$ef=fg$が成り立つことから$k=(2s-1)/3s$となる。よって，$0.5<s<1$の6-6型モデルの場合，kの取りうる範囲は$0<k<(2s-1)/3s$となる。一方，6-3型は底面が六角形であり，[図3-7]右図より$b=a-c=(s-1)c$が成り立つため$k=(s-1)/s$となる。六角柱型となるkの値を求めると，$e'f'=f'g$より$k=(2s-1)/3s$が成り立つ。よって，$1<s<2$の6-6型モデルの場合，k値の範囲は$(s-1)/s<k<(2s-1)/3s$となる。これらの関係を[図3-8]に示す。上の曲線が角柱型モデル，下の直線と曲線がそれぞれ3-3型と6-3型（$s>1$）を表しており，これらに囲まれた領域が6-6型モデルである。

　kとsを変化させることで3-3型，6-3型，6-6型のすべての発展モデルを表すことができる。平面充填形や凹部の形状などのパネルの幾何学的パターンを変化させるこれらのパラメータを幾何パラメータと呼ぶ。

3-5 ─── トラスコアパネルの成形性と機械・機能特性

　平面／空間充填幾何学と面離，切隅等の折紙操作，さらに平面から立体を創出することで開発されたトラスコアパネルは，周期的な四面体形状の凹部を，三角形のグリッド上に1つおきに成形したパネル片を二枚貼り合わせることで製作されるコアパネルである。凹部形状とその配列パターンは，平面／空間充填形に基づく幾何学的条件によって決定され，これにより同形のパネル片二枚を対向させた際，凹部同士の稜線がぴたりと一致し安定構造とすることができる。これをタイプ1で[図3-9]に示すようにダブルトラスコアと称す。

[**図3-9**] ダブルトラスコアパネルとシングルトラスコアパネル

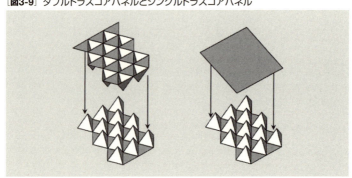

また同時に開発された，片側の一枚を平板にした変形タイプについては曲面化及び接合が容易であり実用性が高く，シングルトラスコアと称している。

　[**図3-10**] に数種のプラスチック製コアパネル用のパネル片と二枚のパネル片をスポット溶接で接合して作った鋼板製のパネル（下）を示す。凸部ピラミッド形がパネル一面に一様に並ぶため，成形時，コア頂部は引っ張られ板厚が薄くなる。それでも端部は周りから板を引っ張るので，それほど板厚は下がらないが，中央部では各コアが周りから板を引っ張りこもうとするので頂部の板厚は薄いままと，場所により成形条件が異なり，成形時，波打ちや反りが生じやすく品質の良いものを得ることは容易ではない。それでも樹脂だとさほど難しくはないが，アルミや鋼板では容易ではない。そこで我々は，最初，直接ピラミッド形を得るのではなく，まず半球形にプレス成

[図3-10] プラスチックで試作した数種のパネル片と鋼板で製作されたパネル製品(下)

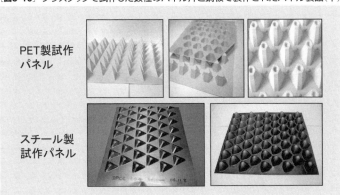

形して次にピラミッド形の成形を行う多段階成形法をシミュレーションで開発し，それをもとに，汎用的な成形装置を開発した。これにより，成形性の良いものが得られた。しかし，コアの高さをコア底辺の一辺の長さで除したアスペクト比が0.3以上となると，この多段階プレス法を用いても良好な成形は困難である。このトラスコアは［図1-2］に示した太陽電池パネルに使用され，自動車や列車のフロア構造に利用するには振動，剛性，圧潰，衝撃，遮熱，遮音特性の検討が必要であり実験及びシミュレーションで検討を行った。

こうしてトラスコアは，ハニカムコアの糊付けされることから火災に弱く，高価であり，曲面化が困難などといった弱点を解決し，総合的にハニカムコアに優ることを示して大きなポテンシャルを示した。このトラスコア構造は，通常の平板に比し等重量で5〜10倍程度

の剛性を有していること，剛性の他，衝撃・振動・遮音・遮熱性もハニカムコアより優れること，価格もハニカムコアに比し，1/3〜1/5程度安くなる結果が得られた。ハニカムコアは価格上，車ならレーシングカー，電車なら新幹線と，開発費を十分かけられるものを中心に利用されるが，トラスコアの場合，安価のため，より広い分野で利用されるポテンシャルがある。

　上述のように相模原市役所別館に利用された他，米国大企業からも大量採用の計画がある。また太陽熱発電用ヘリオスタットでは，現在のガラス＋スチール骨構造の骨を廃止し，トラスコアパネルを使用する構造を我が国独自のものとして採用する計画である。OAフロア等の採用検討も進められている。なお，圧潰シミュレーションでは加工硬化の直接利用を行い，塑性解析で通常使用される有限要素では不可なことを示すなど極めて高度なシミュレーションによって初めて得られたものであること[9]を，シミュレーションに関しては述べるに留める。

4　今後の動向及びまとめ

4-1　ますますの発展が期待される折紙工学

　[図4-1]に，等角写像変換の一つである渦糸の流れの変換を用い，求めるのが比較的容易な円筒殻の折り畳みの幾何形状からその形状を求めるのが非常に困難な円形膜巻き取りモデルが作成可能であることを示す[10]。これも幾何学に立ち戻って得られた新たな折り紙の世界である。この新しい折り紙数理は，ファッション，救

[**図4-1**] 折紙数理の新しい展開：等角写像で円筒殻展開図から円形膜展開図とその構造

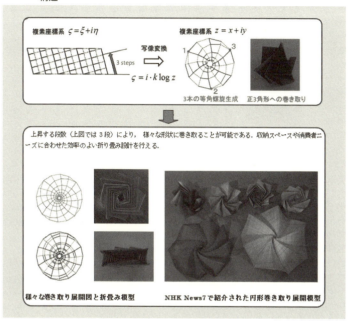

命用具，緊急ハウスなどにも有効なことから，論文発表前に特許申請している[11]．さらに，筆者らが開発している螺旋型円筒折紙構造と線形バネを適切に組み合せることにより，どんなに大きな速度・加速度の振動が加わっても力を全く伝達しない，理想的な防振機構が実現できることを発見している[12]．たとえばこれをシートサスペンションに用いれば，車両フロアがいくら振動しても，乗員

に振動が伝わらないシートが実現できる。したがって，自動車はもちろん，船舶・航空機，建築構造物など広く適用が可能である。現在では困難な大きなソーラーセイルの折り畳み方も等角写像で得られる可能性を示唆している。

2010年にJAXAから打ち上げられた小型ソーラーセイルIKAROSの帆の大きさは200平方メートルである。これに対し，NASAで2014年に予定されているSunjammerミッションは，一辺が約38mで全表面積が約1,200平方メートルと，これまでに宇宙実験が行われたソーラーセイルの約6倍という大きなものを展開することになる。それでも理想とされる一辺100～300mには至らない。このくらい大きなものを得るには，新しい展開収縮構造の探索も必要となる。[図4-1]に示すように，標準となる円筒殻の折り畳みの幾何形状のより適切な関数変換により，これまでにない折り畳み構造とそれに基づく立体構造の発見が示唆される。さらに，折り畳み構造の軽量化のための最適化や，機構の最適制御の援用など，新しい学問の誕生も期待される。紙でなく実際の構造物となると，展開するための機構もキー技術となり，展開する際の力制御，展開し終わった後の位置制御，機構まで含めた最適化と折り紙の産業化への推進運動は，関連の科学・技術進展を促し，これにより，折り紙の産業化も進む。例えば，ファッション[13]では，野島氏の円筒殻の折り畳みモデルをもとに著名なデザイナーがワンピースに仕立てたものであるが，等角写像変換などにより，これまで想像もできないような魅力ある形が見つかる可能性もある。このように，折紙工学は今後ますますの広がりと深みが期待される。残された大きな課題は成形法である。これについて次項で述べる。

4-2 ──── 折紙工学から折紙工法へ

トラスコアの場合，プレス成形だけで可能であるため，火災に強いことから高層マンションの床にも利用できる。また安価であるため通常の乗用車，ローカル電車などへと適用範囲が広がる。ただし鋼板の場合，上述のように多段階成形法を開発したがアスペクト比（コア高さ／コア底辺の一辺の長さ）が0.3以上のものは対応ができない。このように，トラスコアの車両床等への適用検討の最中であるが，先述の円筒折り畳み構造ともども成形法がポイントとなる。

ここで現在展開中の折紙工法について述べよう。

［図2-1］のシミュレーションモデルにメッシュが施されている。このメッシュが三角形であれば，このメッシュを利用して［図2-1］の自動車モデルも一枚の紙で折り紙を作れるというのが折紙理論の重要な点の一つである。しかし，複雑な構造であれば，それだけ作成に時間がかかりすぎ，大型の構造物にはなじまない。そこで筆者らはリバースエンジニアリング（現在では人工物はCADデータをもとに造られるが，他社の車のように，CADデータがない場合，計測から逆にCADデータを作る技術）で使用される，境界線などの特徴線を抽出し，それをもとにセグメンテーションする技術（構造を適切に分断する技術）を援用し，理論上は厳密な三次元構造物の実物コピーを得る手法を開発し特許化した[14]。これは，表面の三角形メッシュの情報を利用し，各部分構造物が可展面になるように分割し，それぞれを山線，谷線，糊代部付きの二次元に展開し，展開したものをあらためて山線，谷線の情報をもとに三次元に組み立て糊付けするものである。

この折紙工法は，どんな大きなものも計算機の出力用紙から容易に自分の手で精度よく作れることで，オバマ大統領が革命を起こ

[図4-3] CADデータからのペーパーファブリケーション例——衝突前・後の車体の一部構造

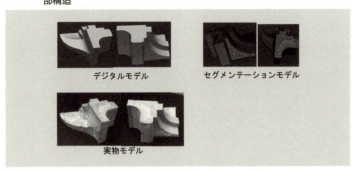

すとまで言及する3次元プリンターの欠点を解消している。この方法は紙だけでなく樹脂，天然繊維から鋼板まで同様の方式で得られる。これについては，論文にも発表済み[15]である。この場合，高価な型は不用となり，安価に作れることからオーダーメードの車も提供できる可能性がある。もちろん，樹脂より硬いものの製造には折り曲げ加工機は必要となるが。この工法でアスペクト比の大きさによらず，形状の優れたトラスコアができるようになった。

今，産学協同というか，いわゆるアベノミクスでは，大学の研究で得られた成果で多くの産業が創出されることが期待されている。そこで，もう少し折紙工法の意義を説明したい。設計者は，自分の設計したものがどの程度のものかCAD画像を見るが，画像画面は二次元なので，もうひとつ臨場感がない。そのため，これまでは試作部などに試作をお願いしていたものだ。今後3次元プリンターは小さくなり，設計者のとなりに置いておけるようになるなどして，

[図4-4] 写真画像からのペーパーファブリケーション例——ベートーベン像とラビット

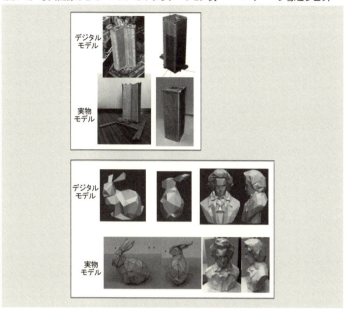

気軽に試作品を造れるようになるだろう。しかし，3次元プリンターの場合，大きなものは困難な上，自分の手で作れないという欠点がある。自分の手で作ってみると，それだけよくその構造が理解できるし，3次元どころか，部品と部品の境界の角度を変えたりすると，4次元構造すなわち動きもわかる。すなわち3次元プリンターで出力されたものが静的なオブジェであるのに対し，実物コピーモデルはいわば動的な4次元表現となるのだ。設計の現場はもちろん，教育の現場，医療の現場にも有効に使用されるかと思われる。この

本が出ている頃には,きっと紙の折紙工法は産業化されていると期待する。

[図4-3]にはファンディスクの実物モデルを示す。これは,CADデータからのものであるが,写真画像から得たものを[図4-4]に示す。

この工法によれば,例えば文献[15]ではトラスコアのアスペクト比0.8以上のものも容易に成形が得られるなど,その自由度は極めて高く,特に複雑形状の折紙構造には適している。今後さらにこの成形法を精査し,折り紙から多くのイノベーションが得られるよう研究を続けていく所存である。

註

(1) 下記参照。
http://sciencelinks.jp/content/view/656/260/ (英語)
http://sciencelinks.jp/fr/content/view/592/260/ (仏語)
http://sciencelinks.jp/ch/content/view/619/261/ (中国語)
　その英文とその和訳を以下に紹介する。

——http://sciencelinks.jp/content/view/656/260/ (英語)から——
Origami engineering
Origami engineering is the scientific study of the techniques of origami, a traditional Japanese craft, and the attempt to apply it to engineering. It was proposed by Taketoshi Nojima of Kyoto University and advanced by Professor Ichiro Hagiwara of the Tokyo Institute of Technology, who launched a research group on origami engineering in the Japan Society for Industrial and Applied Mathematics. Origami engineering is leading to the development of strong yet lightweight structures, such

as easily crushable plastic bottles, car bodies, furniture, and other objects. In the future origami engineering will be applied to such fields as impact intensity, heat insulation, sound absorption and insulation, and geometrical pattern designs interweaving light and shadow. Its use is being investigated in inflatable space structures, building and railway car floor structures, heat shield building walls to counter the heat island phenomenon, soundproof walls to prevent noise pollution, and other applications.

折紙工学(Origami Engineering)

　日本の伝統的な手工芸である折り紙の技術を科学的に研究して工学に応用しようとする学問。京都大学の野島武敏博士が提唱。東京工業大学の萩原一郎教授が2003年に折紙工学に関する研究部会を日本応用数理学会に立ち上げ研究が進められている。簡単につぶせるペットボトルや車体や家具など軽くて強い構造開発に結びついている。今後，折紙工学は，衝突強度，遮熱，吸音・遮音，幾何学模様デザインなどに応用され，膨張可能な宇宙構造物，ビルや鉄道車両のフロア構造，ヒートアイランド対策としてビルの遮熱壁，騒音対策として防音壁などへの利用が検討されている。

参考文献

[1]───野島武敏，数理折紙による構造モデル，京都大国際融合創造センター（IIC）フェアー，2002年11.26。
[2]───三浦登，川村紘一郎，自動車の衝突安全性に関して─変形機構の解析，日産技報，3 (1968), pp.3-10。
[3]───萩原一郎，津田政明，佐藤佳裕，有限要素法による薄肉箱型断面真直部材の衝撃圧潰解析，日本機械学会論文集A編，55巻514号(1989-6)，pp.1407-1415。
[4]───北川裕一，萩原一郎，津田政明，有限要素法による薄肉任意断面形状部材の衝撃圧潰解析，日本機械学会論文集A編，57巻537号 (1991-5), pp.1135-1139。
[5]───I.Hagiwara, M.Tsuda, Y.Kitagawa and T.Futamata, Method of Determining

Positions of Beads, United States Patent, Patent Number 5048345.

[6]──野島武敏, 平板と円筒の折りたたみ法の折紙によるモデル化, 日本機械学会論文集C編, 66巻643号（2000/4）。

[7]──斎藤一哉, 平面／空間充塡形の幾何学に基づく新しい軽量コアパネルの開発に関する研究, 東京工業大学博士論文（2009.3）。

[8]──斉藤一哉, 野島武敏, 萩原一郎, 新しく開発した軽量コアパネルの幾何学的パターンと機械的特性の関係, 日本機械学会論文集A編 74巻748号（2008-12）,pp.1580-1586。

[9]──戸倉直, 萩原一郎, 空間充塡で得られるコア材の成形法, 野島武敏, 萩原一郎編,『折紙の数理とその応用』共立出版, pp.234-249。

[10]──石田祥子, 野島武敏, 萩原一郎, 等角写像の折紙への応用（巻き取り可能な円形膜作成法）, 日本機械学会論文集C編, 第79巻801号（2013-5）,pp.1561-1569。

[11]──萩原一郎, 石田祥子, 野島武敏, 筒状折り畳み構造物の製造方法, 筒状折り畳み構造物の製造装置, 及び, 筒状折り畳み構造物, 特願2013－164614（平成25年8月7日）。

[12]──萩原一郎, 石田祥子, 内田博志, 折り紙をベースにした制振構造, 特願2013-220548号（2013年10月23日）。

[13]──Domus ITA Domus ITA No.974（2014.1月11日）Pag.16（野島武敏氏と三宅一生氏のコラボの服を紹介）。

[14]──萩原一郎, マリア・サブチェンコ, Yu Bo, 篠田淳一, 三次元構造物の製造方法, 三次元構造物の製造装置, 及び, プログラム, 特願2013－080862（平成25年4月28日）。

[15]──H. Nguyen, K. Terada, S. Tokura, I. Hagiwara,Application of Metal Bending to Forming Process of Truss Core Panel,2013 JSST international Conference (2013.9月)。

謝辞

本稿では, 折紙工学の創始者である野島先生に感謝したい。また, 共同研究を行った斎藤一哉氏, 石田祥子氏, 戸倉直氏, 趙希禄氏にも感謝したい。

著者略歴一覧

三村昌泰(みむら・まさやす)

1941年生まれ。明治大学研究・知財戦略機構特任教授，先端数理科学インスティテュート所長，グローバルCOEプログラム「現象数理学の形成と発展」拠点リーダー。工学博士。著書に『現象数理学入門』（共著，東京大学出版会）ほか。

杉原厚吉(すぎはら・こうきち)

1948年生まれ。明治大学研究・知財戦略機構特任教授，先端数理科学インスティテュート副所長，「錯覚と数理の融合研究」拠点リーダー。東京大学名誉教授。工学博士。東京大学大学院工学系研究科修士課程修了。著書に『だまし絵と線形代数』（共立出版）ほか。

青木健一(あおき・けんいち)

1948年生まれ。明治大学研究・知財戦略機構客員教授。東京大学大学院理学系研究科名誉教授。専門は人類学，集団生物学。研究課題は，遺伝子と文化の共進化，学習戦略の進化，文化進化。

中村和幸(なかむら・かずゆき)

1978年生まれ。明治大学総合数理学部准教授，先端数理科学インスティテュート所員。東京大学大学院情報理工学系研究科修士課程修了。博士（学術）。総合研究大学院大学複合科学研究科博士後期課程修了。専門は統計科学，特にベイズ統計と時空間解析への応用，データ同化。著書に『データ同化入門』（共著，朝倉書店）。

高安秀樹(たかやす・ひでき)

1958年生まれ。ソニーコンピュータサイエンス研究所シニアリサーチャー。明治大学大学院先端数理科学研究科客員教授，先端数理科学インスティテュート所員。理学博士。名古屋大学大学院理学研究科博士課程修了。著書に『経済物理学の発見』（光文社新書）ほか。

砂田利一(すなだ・としかず)

1948年生まれ。明治大学総合数理学部教授，先端数理科学インスティテュート副所長。東北大学名誉教授。理学博士。東京工業大学理学部数学科卒。東京大学大学院修士

課程修了。専門は大域解析学，離散幾何解析学。著書に『現代幾何学への道――ユークリッドの蒔いた種』（岩波書店）ほか。

萩原一郎（はぎわら・いちろう）
1946年生まれ。明治大学研究・知財戦略機構特任教授，先端数理科学インスティテュート副所長。東京工業大学名誉教授。工学博士。京都大学大学院工学研究科修士課程修了。著書に『人を幸せにする目からウロコ！研究』（編著，岩波書店）ほか。

明治大学リバティブックス
現象数理学の冒険

2015年1月15日　初版第1刷発行
2015年5月25日　　　　第2刷発行

編著者 ……………… 三村昌泰
発行所 ……………… 明治大学出版会
　　　　　　　〒101-8301
　　　　　　　東京都千代田区神田駿河台1-1
　　　　　　　電話　03-3296-4282
　　　　　　　http://www.meiji.ac.jp/press/
発売所 ……………… 丸善出版株式会社
　　　　　　　〒101-0051
　　　　　　　東京都千代田区神田神保町2-17
　　　　　　　電話　03-3512-3256
　　　　　　　http://pub.maruzen.co.jp/
ブックデザイン………… 中垣信夫+中垣具
印刷・製本 ………… 株式会社シナノ

ISBN 978-4-906811-10-6 C0041
©2015 K. Aoki, K. Sugihara, T. Sunada, H. Takayasu,
K. Nakamura, I. Hagiwara, M. Mimura
Printed in Japan

新装版〈明治大学リバティブックス〉刊行にあたって

教養主義がかつての力を失っている。
悠然たる知識への敬意がうすれ，
精神や文化ということばにも
確かな現実感が得難くなっているとも言われる。
情報の電子化が進み，書物による読書にも
大きな変革の波が寄せている。
ノウハウや気晴らしを追い求めるばかりではない，
人間の本源的な知識欲を満たす
教養とは何かを再考するべきときである。
明治大学出版会は，明治30年から昭和30年代まで存在した
明治大学出版部の半世紀以上の沈黙ののち，
2011年に新たな理念と名のもとに創設された。
刊行物の要に据えた叢書〈明治大学リバティブックス〉は，
大学人の研究成果を広く読まれるべき教養書にして世に送るという，
現出版会創設時来の理念を形にしたものである。
明治大学出版会は，現代世界の未曾有の変化に真摯に向きあいつつ，
創刊理念をもとに新時代にふさわしい教養を模索しながら
本叢書を充実させていく決意を，
新装版〈リバティブックス〉刊行によって表明する。

2013年12月

明治大学出版会